新型农民现代农业技术与技能培训丛书

果树育苗工培训教材

孙华美　编著

金盾出版社

内 容 提 要

本书是“新型农民现代农业技术与技能培训丛书”的一个分册，由华中农业大学园艺林学学院果树系孙华美副教授编著。内容包括：果树育苗工的岗位职责与素质要求，果树育苗工须具备的基础知识，果树苗圃的建立，实生苗的繁殖，自根苗的繁殖，嫁接苗的繁殖，果树苗木的出圃，以及苹果、梨、葡萄、桃、柑橘、香蕉6种主要果树的繁殖技术。本书可作为县(市)举办果树育苗工培训的教材，亦可供广大果农和农林院校师生阅读参考。

图书在版编目(CIP)数据

果树育苗工培训教材/孙华美编著．—北京：金盾出版社，2008.3

(新型农民现代农业技术与技能培训丛书)

ISBN 978-7-5082-4954-4

Ⅰ.果… Ⅱ.孙… Ⅲ.果树-育苗-技术培训-教材 Ⅳ.S660.4

中国版本图书馆CIP数据核字(2008)第001968号

金盾出版社出版、总发行

北京太平路5号(地铁万寿路站往南)

邮政编码：100036 电话：68214039 83219215

传真：68276683 网址：www.jdcbs.cn

封面印刷：北京蓝迪彩色印务有限公司

正文印刷：北京金盾印刷厂

装订：永胜装订厂

各地新华书店经销

开本：850×1168 1/32 印张：5.625 字数：132千字

2011年10月第1版第3次印刷

印数：20001—26000册 定价：10.00元

序　言

中共中央国务院[2007]1号文件明确指出，加强"三农"工作，积极发展现代农业，扎实推进社会主义新农村建设，是全面落实科学发展观、构建社会主义和谐社会的必然要求，是加快社会主义现代化建设的重大任务。

我国农业人口众多，发展现代农业、建设社会主义新农村，是一项伟大而艰巨的综合工程，不仅需要深化农村综合改革、加快建立投入保障机制、加强农业基础建设、加大科技支撑力度、健全现代农业产业体系和农村市场体系，而且必须注重培养新型农民，造就建设现代农业的人才队伍。

胡锦涛总书记在党的十七大报告中进一步指出，要培育有文化、懂技术、会经营的新型农民，发挥亿万农民建设新农村的主体作用。

新型农民是一支数以亿计的现代农业劳动大军，这支队伍的建立和壮大，只靠学校培养是远远不够的，主要应通过对广大青壮年农民进行现代农业技术与技能的培训来实现。金盾出版社在对农业岗位培训进行广泛调研的基础上，与中国农业大学老科技工作者协会、华中农业大学老教授协会等单位共同策划，约请数百名农业专家、学者参加，组织编写了"新型农民现代农业技术与技能培训丛书"(以下简称"丛书")。"丛书"坚持从现阶段我国青壮年农民的文化技术水平出发，突出现代农业技术与技能的传授，注重其先进性和实用性；"丛书"以教材形式编写，共有88个分册，涉及81个农业岗位，除水稻农艺工、蔬菜园艺工、蔬菜植保员、果树植保员分南方本和北方本外，其他均为一个岗位一本培训教材，以方便县(市)、乡(镇)、村组织新型农民培训和农业企业进行岗位培训时选用。“丛书”的组编和出版，还得到了河北农业大学、沈阳农业大学、西北农林科技大学、甘肃农业大学、北京农学院、山东畜牧兽医职业技术学院、大连民族学院、中国农业科学院茶叶研究所、中国农业科学院油料研究所、中国农业科学院郑州果树研究所、中国农业科学院特产研究所、中国农业科学院桑蚕研究所、中国养蜂学会、内蒙古自治区农牧科学院、甘肃省蔬菜研究所、山东省果树研究所、广西壮族自治区柑桔研究所、山西省畜牧兽医研究所等单位部分专家、教授的支持和参与，并列入劳动和社会保障部《全国职业培训与技能鉴定用书目录》，进行推荐，使我们深感欣慰，在此表示衷心感谢。我们希望和相信，通过“丛书”的出版发行，能为新型农民队伍的发展壮大贡献一份力量，也能为现代农业技术与技能培训积累一些可供借鉴的经验。

“丛书”编写时间有限，各分册存在不足或错漏在所难免，恳请同仁和各使用单位批评指正。

编 委 会

2008 年 1 月

前　言

果树生产，是国民经济的重要组成部分，它对振兴农村经济，促进农民脱贫致富和加快社会主义新农村的建设，都具有重要的作用和意义。培养和造就具有现代果树产业意识和现代果树生产理论、知识和技术的高素质果树生产专业人员，是我国果树现代化发展的必然要求，也是果树科技工作者的崇高责任和义务。为此，应金盾出版社之约，特编写了《果树育苗工培训教材》一书，以供在农村知识青年中培训一批技术骨干之用。使他们通过专业知识培训和自学，初步具备现代果树生产相应的岗位业务和技术素质。本书也可供广大园艺工作者、果树种植专业户和农林院校师生阅读参考。

果树育苗，是以生物科学为基础，既有专业知识、基础理论，又有实践技能的综合性应用学科。鉴于这一特点，本教材强调理论联系实际，既全面地阐述了果树育苗的基本知识、基础理论和基本方法，同时也着力介绍了最新的应用技术和研究成果。并力求做到重点突出，概念明确，技术实用易行，文字简明通俗，以有利于培训和自学。全教材共分 8 章，按其内容归类，大致可分为三部分。第一部分为果树育苗工岗位职责和素质要求。第二部分介绍了果树育苗的基本知识、基础理论和基本方法，其中也包括果树苗圃地的选择和规划，果树苗木的起挖、分级、检疫和贮运等。第三部分，以苹果、梨、葡萄、桃、柑橘、香蕉 6 种主要果树的育苗方法为例，全面、详尽地介绍了播种、扦插、压条、分株、嫁接等主要育苗方法的操作程序和技术要求，旨在使本教材所阐述的基本育苗方法更具有可操作性和实用性。

在本教材编写过程中，参阅了《果树栽培学》、《园艺植物繁殖学》、《果树育苗》等相关专著 10 余部，并从中引用了部分资料及插图。华中农业大学园艺林学学院万蜀渊教授、李国怀教授还为本教材提供了部分彩色图片。在此对上述提供帮助的各位老师、同行专家一并致谢。

由于时间仓促，水平有限，书中难免有不妥或疏漏之处，恳请读者指正。

编著者

2008 年 1 月

目　录

第一章　果树育苗工岗位职责和素质要求

果树育苗工是按技术措施和管理要求进行果树苗木繁殖和抚育的专业人员。育苗工所担负的果树苗木繁殖和抚育，是果树栽培的重要组成部分。苗木的数量和质量，尤其是苗木质量，不仅是果树优质高效栽培的物质基础，也对我国果树产业的健康持续发展，具有独特的其他技术措施无法替代的重要作用和深远意义。培养又好又多的育苗工，是又好又多培育果树苗木的必备条件和重要措施。因此，为了进一步提高育苗工的思想素质和业务素质，制定和明确育苗工的岗位职责和素质要求是十分重要和必需的。

一、果树育苗工岗位职责

制定岗位职责，对育苗工实行岗位责任制管理，有助于调动育苗工的积极性和创造性，增强责任心，提高工作效率和质量，也有利于对育苗工的工作状况进行检查和考评，使检查考评有标准，奖优罚劣有依据。因此，这是一项关系果树苗圃长远利益和育苗工切身利益的重要措施。现根据果树苗木培育工作的实际情况，拟定如下果树育苗工岗位职责。

第一，学习和掌握苗圃地选择和区划原则，在有关领导和技术人员的指导下，进行苗圃地的调查、选择和规划。负责苗圃地整理及土壤改良等项工作。

第二，在技术人员的指导下，制定苗圃生产计划。包括苗木繁殖的种类、品种、数量，以及繁殖用地和繁殖方法等。

第三，负责采集、处理、贮藏育苗用种子。在技术人员指导下，完成种子品质鉴定和播种前的预处理。

第四，按技术要求进行播种和播种后的苗圃管理。包括揭草、间苗、移栽、抹芽、摘心以及土肥水管理及病虫害防治等。

第五，按技术要求和操作程序进行扦插、压条、分株等方法的自根苗繁殖。

第六，负责采集、处理、贮运嫁接用接穗，并为苗木嫁接做好准备(如中耕除草、浇水、病虫害防治等)。

第七，熟练掌握各种嫁接技术，又好又快地进行嫁接育苗。保证每个工作日芽接800株以上，成活率达到95%以上；枝接600株以上，成活率达90%以上。

第八，按技术要求负责嫁接苗管理，包括检查成活、补接、解绑、扶缚、除萌、摘心、圃内整形以及土肥水等各项管理。

第九，掌握果树病虫害防治相关知识，对果树苗木进行及时、安全、有效的病虫害防治。

第十，制定苗木出圃计划。按技术要求进行挖苗、分级、检疫、消毒、包装、假植和越冬防护。

第十一，正确使用和保养土地耕作、除草、喷药等农用机具，能排除常用机具的一般性故障。

第十二，根据工作需要，正确记录、整理苗木繁殖、管理及其他有关资料；绘制母本园果树定植图以及苗木树种、品种繁殖图。

第十三，完成领导或技术人员交办的有关苗圃的其他工作。

二、果树育苗工素质要求

改革开放，使我国果树生产快速步入产业化轨道。果树产业化的过程，是传统农业向现代化农业转变的过程，也是计划经济向市场经济转变的过程。果树产业化必须依靠科技进步和高素质人才的支撑。一些果农看到了果树产业化和市场经济给果树生产带来的良好契机，在果树苗木生产中，积极运用科学技术和努力提高自身素质，取得了可喜成绩，不但对果树产业化作出了贡献，也使自己得到良好的经济效益。与此同时，由于市场经济自身的弱点和消极因素，也滋生了一些不良行为和丑恶现象。例如，一些单位和个人唯利是图，国家观念淡化，缺乏坚定正确的政治立场和法制观念，不能完全执行国家政策和行业法规。也有些人参与封建迷信和黄赌毒活动，生活方式不够健康。这些不良思想和行为，对发展生产和个人进步都是极其有害的。所以，发展生产必须十分重视提高劳动者的素质。人的素质包含多个方面。依育苗工而言，政治思想素质是根本，知识业务素质是基础。政治思想素质高，可以促进知识和能力的进一步扩展、增强和发挥。因此，为了在促进果树生产大发展的基础上，推进全面建设社会主义新农村，就必须重视提高育苗工的素质。在倡导学政治学科学的基础上，制定必要的育苗工职业道德规范，使育苗工通过学习和教育成为思想好，能力强，能胜任本职工作和熟练履行职责的劳动者和社会主义新农村的建设者。

第一，树立知法、懂法、守法、护法的法律意识，在工作和生活中，贯彻执行国家的方针和政策。在生产活动中，执行国家关于安全保密、种质资源保护、植物检疫、种子苗木管理等法规和管理条例，切实做到保守国家机密，保护种质资源，防止人为传播危险性有害生物。还要严格执行国家有关环保法令、法规，注意节约资源、能源，努力保护和改善生态环境。

第二，廉洁工作，坚守高尚情操，发扬奉献精神，自觉抵制社会不良风气的影响，不利用职责之便谋取私利。在经济活动中，诚实守信，严守契约与合同，任何时候都不能利用坑蒙拐骗、假冒伪劣等不良手段和行为坑农、害农，损害群众利益。

第三，树立学农、爱农、为农的宏伟理想，勤勉敬业，锐意进取，埋头苦干，做农业科学技术的推广者，建设社会主义新农村的推动者，靠科技致富、劳动致富的带头人。

第四,提高基础理论和专业知识水平,熟练掌握劳动技能,不断开阔视野,进一步增强创新能力和竞争能力。努力把自己造就成政治思想好、基础扎实、知识面宽、实践能力强、富有创新精神和竞争能力的社会主义专门人才。

第五,尊敬领导,团结同事,遵守劳动纪律和规章制度,服从工作安排,尽职尽责,踏实工作。注意节省生产开支,不无故损坏公共财物。

第二章　果树育苗工须具备的基础知识

果树繁殖是旨在增加栽培果树的株数，保证将植株的重要性状和优良品质遗传下去，并能增强繁殖体的抗逆能力的一种生产活动，也是一门以生物科学为基础的综合性应用学科。在总结实践经验和融合相关学科理论和知识的基础上，发展起来的现代果树繁殖学，其学科内容十分丰富。从培养育苗工的要求出发，主要应学习和掌握以下 3 个方面的内容。

一、操作技术

果树繁殖要求具备的操作技术，对果树育苗至关重要，并且贯穿苗木培育的全过程。操作技术多种多样，有繁有简，主要包括：种子的采集、处理、贮藏和播种前预处理，种子品质和生活力鉴定，插条的选择、采集、贮藏和促进生根处理，接穗的选择、处理和贮运，播种、扦插、压条、分株和嫁接，解绑、剪砧、摘心、扶缚和圃内整形，中耕、施肥、浇水、排渍和喷药，苗木的起挖、检疫、消毒、分级、包装、假植和越冬防护等。在这些操作技术中，有些是果树繁殖特有的，如各种嫁接技术和嫁接苗解绑、剪砧、圃内整形等管理技术。特有技术来源于果树繁殖实践的总结，主要用于果树或某些园艺植物的繁殖。这类技术多比大田作物的繁殖技术更复杂、更先进和更难以学习和掌握。也有一些，如土壤管理、病虫害防治等各项操作技术，是与其他作物的管理技术通用的。采用这类技术的目的，主要是为了方便特有技术的操作，提高工作效率和保证苗木健壮生长。其操作方法和技术要求，与大田作物、果树或其他园艺植物的栽培管理大体相同。例如，在秋季芽接之前，要求对砧木苗圃进行一次中耕除草，灌水和喷药（防治刺蛾），就是为了方便芽接时操作，提高芽接成活率和工作效率。合理、正确和熟练地运用操作技术，是提高繁殖效率和培育优质果苗的基本要求和重要保证。任何操作技术的应用不当或操作失误，都会导致繁殖失败或影响苗木质量，甚至还会影响苗木定植的成活率和苗木将来的生产能力。操作技术来源于实践，掌握操作技术也必须勤于实践。不断实践和向一切内行人学习，是学习和掌握操作技术必不可少的条件。

二、专业知识

在相关学科基础上发展起来的专业知识，主要包括：种子的成熟、休眠和后熟，植物的极性、再生能力、愈伤作用和黄化现象，果树植物种类、品种的识别以及生长特性、适应性和抗逆性，芽的异质性、萌芽力和成枝力，植物的内含物和伤流特性，嫁接亲和力，形成层在嫁接中的作用，忌地现象与轮作制度，土壤的理化性质、质地和结构，肥料的种类与合理施肥，水分的生理作用，植物激素的种类与作用，病害的识别症状与发生规律，害虫的形态特征与生活史，农药的种类与合理使用等。专业知识对果树育苗具有重要的作用，它既是制定管理措施的科学依据，也对操作技术具有重要的指导作用。例如，具有休眠特性的种子，必须经过后熟处理，否则不能播种，嫁接时砧木、接穗双方形成层必须对齐，再生能力强的果树可以进行扦插繁殖，果树嫁接必须选择具有嫁接亲和力的砧穗组合，否则嫁接不能成活，还有必须根据土壤的理化性质、质地和结构进行土壤改良。在选取繁殖材料时，专业知识也很重要，因为只有在有能力识别树种、品种的情况下，才有可能采集到真正纯正的繁殖材料。专业知识可以结合生产实践并经过科学总结，得以掌握和提高，但主要是通过读书学习，从有关书籍中得到。除了必须学好果树繁殖、果树栽培等课程外，还应该学习种子学、植物学、植物生理及生物化学、遗传学、植物分类学、土壤肥料学、植物病理学、昆虫学以及农业气象学等课程，从相关学科中学习专业知识。

三、基础理论

随着生物科学研究的发展和深入，以及研究方法和实验技术的提高，而逐步发展起来的一些基础理论，也是育苗工必须具备的基础知识。例如，种子休眠的机制和后熟生理，自根苗繁殖的生物学基础，嫁接繁殖的生物学原理等。基础理论可以科学、合理地阐明果树繁殖中的一些机制问题，是果树繁殖进行深入研究和向更高水平发展的理论基础。尽管现有的基础理论还不能十分明了地解释果树繁殖中全部机制问题，但这些基础理论为果树繁殖的深入研究和发展奠定了理论基础，指明了研究方向，并提供了新的研究方法和实验技术。因此，基础理论对促进果树繁殖科学的进步，具有至关重要的作用。学习和掌握基础理论，还可以使所学的专业能力和专业知识得以巩固、拓宽和深化，有利于开阔人的视野，提高联想和推理能力。同时，学习和掌握基础理论也对启迪人的创新思维和创新能力具有重要的作用和深远意义。

果树繁殖的一大特点，是多学科理论与知识的相互交叉、渗透和高度融合，以及操作技术、专业知识和基础理论的密切结合。这就要求包括育苗工在内的果树繁殖从业人员，必须理论联系实际，努力提高手脑并用的操作能力和把知识运用于生产实践的能力。既要重视实践，从实践中学习和掌握操作技术，积累和提高分析问题和解决问题的能力，也必须重视学习和掌握相关学科的理论和知识。只有在掌握操作术和学好基础理论及专业知识的基础上，勤于思考，善于分析，不断提出“为什么”和“怎么办”的人，才能深刻理解和熟练掌握果树繁殖的理论、知识和技术。

思考题

1. 果树繁殖的目的是什么？

2. 操作技术分为哪两类？各有什么作用？

3. 怎样学习和掌握操作技术？

4. 专业知识对育苗有何作用？怎样提高专业知识水平？

5. 基础理论主要有哪些？它对育苗工有什么作用？

6. 结合自己现状，谈谈今后怎样提高自己的知识水平和操作技能。

第三章 果树苗圃的建立

一、苗圃地的选择

果树苗圃地选择是否得当，不但直接关系到果树苗木的培育质量，还对苗木培育成本、销售、运输等经济效益的高低有重要的影响。因此，应根据当地具体情况，从土壤、气候、水源、交通等诸多方面，因地制宜地综合考虑选择苗圃地。选择专业果树苗圃地，必须满足以下基本条件。

(一)选 址

在果树集中发展区，选择交通方便的地块，最好在靠近铁路、公路或水路的地方建立苗圃。这些地方一般具有比较适宜苗木生长发育的自然条件，培育出的苗木对当地环境条件适应性强，而且种苗离栽植地很近，可以边起苗边栽植，使种苗受损少、返苗快、栽植成活率高，生长发育良好。同时，这些地方交通方便，有利于苗木销售和调运。另外，苗圃地还应避开冰雹严重发生地带、大风口和低洼地段。因这些地方对耐寒能力弱的树种育苗不利，容易汇集冷空气形成霜冻，造成冻害，也易因风或冰雹折断其他果树苗木新梢，而且排水困难易受涝害。

(二)地势条件

苗圃地宜选择地势较高、背风向阳、日照好的缓坡地或平坦的开阔地带。坡度以小于2°为宜。坡度过大易引起水土流失，浪费土壤肥力和水分，不利于耕作和灌溉。坡度过大应修筑梯田。平地苗圃地，地下水位宜在1.5米以下，并且要求一年中水位升降变化不大。地下水位过高易造成苗圃渍水，影响土壤的供肥能力和苗木的吸肥能力，使苗木生长发育不良，甚至造成烂根死苗。地下水位过低，土壤容易干旱，为保证苗木正常生长必须增加灌溉次数和浇水量，从而提高了育苗成本。

（三）土壤条件

一般以砂质壤土和轻黏壤土为宜，其理化性质好，有利于土壤微生物的活动，对种子发芽、幼苗生长都有利，而且便于农事作业，起苗省工、伤根少。过分黏重的土壤，通气、排水、保水性能差，雨后易渍水，干旱时易龟裂，不但耕作困难，也有碍于苗木的生长。土层一般以比较深厚为好，但肥力不可过高，否则苗木易徒长，组织发育不充实并容易受冻，这种苗木栽到土壤瘠薄地时，多表现成活率不高。

土壤的酸碱度，对苗木的生长影响明显，不同树种对土壤酸碱度的适应性有差异。如板栗、沙梨、柑橘、猕猴桃和枇杷喜微酸性土壤；葡萄、枣、扁桃、无花果等较耐盐碱；苹果在酸碱度过高的土壤中，常表现生长不良或发生死苗现象，通常土壤的酸碱度以中性、微酸性或微碱性为好。

（四）灌溉条件

选择苗圃地时要特别注意灌溉问题。因为种子萌发或插条生根发芽均需保持土壤湿润，而在幼苗生长期间由于根量少，分布浅，耐旱力弱，对水分的要求尤为突出。如果不能保证充足、及时的水分供应，就会造成种子不能萌发，插条不能生根发芽，幼苗停止生长，甚至枯死。因此，苗圃地应选在水源充足、水质良好的天然水源附近。如果没有天然水源或水源不足，则应选择在地下水丰富，可以打井提水灌溉的地方建立苗圃。

二、苗圃地的规划

为了培育品种纯正、质量优良的苗木，大型专业苗圃应根据其性质和任务，并结合气候、地形、土壤等环境条件进行全面规划。苗圃地的规划主要包括生产用地和辅助用地两部分。生产用地通常包括母本园苗繁殖区。辅助用地包括道路、排灌系统、防风林以及管理区建筑物用地。在苗圃地的规划中，应保证生产用地的优先地位，一般要求生产用地应占苗圃总面积的 80%～85%。

(一)母 本 园

其主要任务是提供繁殖材料。砧木母本园提供砧木种子、自根砧木繁殖材料。良种母本园提供实生果苗种子、自根果苗繁殖材料和优良品种接穗。母本园提供的繁殖材料必须保证纯正、优质和不带病虫害。母本树也应和砧木、品种区域化的要求相一致。母本园的规模可依育苗任务而定，并根据需要，按树种、品种，酌情划分小区。当前我国许多苗圃尚未建成母本园，为了保证种苗质量防止检疫性病虫害的传播，专业苗圃应积极推进母本园的建设。

(二)繁 殖 区

其主要任务是提供成品果苗及嫁接苗的砧木。一般苗圃可按繁殖方法将繁殖区划分为实生苗繁殖区、自根苗繁殖区和嫁接苗繁殖区，或按育苗任务划分为砧木苗繁殖区和成品果苗繁殖区。砧木苗繁殖区主要培育实生砧木苗和自根砧木苗；成品果苗繁殖区培育实生果苗、自根果苗和嫁接苗。在规模大、同时繁育多种果树苗木的苗圃，在以上规划的基础上，最好根据树种特性和环境条件，对繁殖区再进行适当区划。例如，按叶片冬态划分为落叶果苗繁殖区和常绿果树繁殖区，前者主要包括仁果类、核果类、浆果类等果苗，后者包括柑橘、枇杷、荔枝、龙眼等果苗。这样更有利于果苗管理，尤其便于病虫害防治和实施防寒越冬措施。为了耕作和管理方便，繁殖用地一般结合地形采用长方形划区，长度不应短于100 米，宽度可为长度的 1/3～1/2。

(三)其他辅助用地

道路可结合划区设置，主干路为苗圃与外界联系的主要道路，其宽度以 6 米左右为宜，支路可结合大区划分进行设置，一般 3 米左右，大区内可根据需要分成若干小区或作业区，各小区亦要有小路相通，小路一般为 1.5 米左右。排灌系统和防护林，可结合地形和道路统一规划设置。排灌系统多设在主干道两侧，为减少冲刷，沟渠比降不宜过大，一般以小于 1/1 000 为宜；为节约用地，防护林也多配置在道路和沟渠的两旁。用于营造防护林的树种，应选择对当地环境条件适应性强、生长迅速、树体高大、寿命长、经济价值较高而又与果苗无共同病虫害和不是果苗病虫害中间寄主的树种。为了加强苗圃地的防护，防止人、畜穿行和窜入，亦可在苗圃或林带外围栽植带刺的或萌芽发枝力强的灌木树种。苗圃辅助建筑物主要包括办公室、农用物资贮藏库、果苗分级包装场、配药场以及畜牧场等。其中办公室、农用物资贮藏库等应设在交通方便和有利于作业的地方。配药场和畜牧场应设在较高位置，以便由上而下运输。分级包装场应设在冷凉干燥和交通便利的地方。

三、苗圃地的整理和轮作

(一)苗圃地的整理

育苗前对苗圃地进行整理，对种子萌发、移植苗成活、自根苗生根以及幼苗的生长发育，都具有重要的作用。苗圃地整理主要包括土壤深翻、增施有机肥和掺砂掺土等措施。其具体做法是：首先结合平整土地，清除石块、杂草、大树残根等杂物，然后根据土壤状况和育苗要求进行深翻改土。耕作深度一般以 30 厘米左右为宜。结合土壤深翻施足基肥，一般每 667 平方米可施土杂肥或猪、牛、羊、鸡粪 5 000 千克左右；土质黏重的应适量掺砂，含砂质多的可适量掺入塘泥等肥土，如果是酸性土壤，还应增施石灰及草木灰等。

土壤深翻改良后，应随即进行耙平做畦。在少雨或干旱地区，可采用畦面与地面相平的平畦，或畦面低于地面的低畦，这样有利于蓄水保墒；在多雨或易积水地区，宜采用畦面高于地面 20 厘米左右的高畦，这样更有利于排水。畦的长度依作业需要而定，一般为 10～20 米，畦面宽度 1.2～1.3 米，畦间距离 30～40 厘米。在病虫害发生严重的地区，尤其是对苗木危害较重的立枯病、根头癌肿病以及蛴螬、金针虫、线虫、根瘤蚜等地下害虫，应结合做畦采取有效措施加以防治。

(二)苗圃地的轮作

果树具有在同一园地上，前作果树使后作果树的生长受抑制的现象，这一现象称为忌地现象或连作障碍。因此，在苗圃繁殖区要避免连作(重茬)，实行合理轮作。

连作会造成土壤缺乏某些营养元素，积累有毒物质和有害病虫，以及破坏土壤结构等，从而对苗木产生不良影响。在制定轮作计划时，可考虑实行不同树种间轮作，或与豆科作物、绿肥或蔬菜作物进行轮作。一种果树在繁殖区的同一地段上，轮作间隔年限一般为 2～3 年，在不同种类果树间相互轮作时，如以核果类或浆果类来更替仁果类时，其轮作间隔的年限可短一些。轮作也是一种防治病虫害的重要措施，因此应避免在同一繁殖区连续多年种植同类或近缘以及病虫害相同的苗木或作物。

思 考 题

1. 苗圃地选择的基本条件有哪些?
2. 什么土壤最适宜用作苗圃地?
3. 长期育苗时如何规划苗圃用地?
4. 建立苗圃母本园的作用和意义是什么?如何建立?
5. 苗圃繁殖区的主要任务有哪些?怎样规划繁殖区用地?
6. 苗圃地整理的作用有哪些?详述其具体做法。
7. 何为忌地现象?苗圃地怎样进行轮作?

第四章　果树实生苗的繁殖

一、实生苗的特点和利用

(一)实生苗的特点

凡用种子播种长成的苗木都称为实生苗,实生苗繁殖方法简便,易于操作,种子来源多,便于大量繁殖,是一种既古老又重要的繁殖方法。用这种方法繁殖出的实生苗,主要有以下特点。

第一,根系发达,主根强大,入土较深,植株生长健壮,抗逆性强,寿命长。但具有明显的童期和童性,进入结果期较迟。

第二,大多数果树为异花授粉植物,系统发育中亲缘关系比较复杂,其实生后代有明显的分离现象,不容易保持母树的优良性状和个体间的相对一致性。

第三,少数果树具有无融合生殖特性,其实生后代不但表现生长势强,也能较稳定遗传母本特性。例如,湖北海棠、锡金海棠、变叶海棠等苹果属植物,在自花授粉情况下能形成无配子生殖体,用其繁殖出的实生苗生长性状整齐一致;柑橘、杧果、板栗等果树,其种子具有多胚现象,即在 1 粒种子中具有 2 个以上的胚,其中只有 1 个有性胚,其余均为无性胚,又称珠心胚。这类种子播种后无性胚生长势强,常超过有性胚而长成健壮的植株,这种无性胚植株,也较能稳定母本的遗传性。还有一些自花授粉,果肉肥厚的果树,因既能免除父本的影响,母本又能充分供应胚发育所需的营养,所以实生后代亦较能稳定母本的遗传性。例如,山东益都蜜桃在当地就多采用实生苗作果苗定植。

第四，实生苗一般不带病毒，因为病毒颗粒一般只限寄生于维管组织中，特别是韧皮部中，而有性胚或无性胚均与母体之间没有任何维管连接，所以实生苗一般为无病毒苗。

（二）实生苗的利用

实生苗在果树生产中利用范围很广，主要有以下几个方面。

第一，用作嫁接果树的砧木。砧木对嫁接苗的抗逆性和适应性有明显的影响，一般情况下实生砧嫁接苗比自根砧嫁接苗具有更强的抗逆性和适应性。因此，用近缘野生或半野生果树种类培育的实生苗，是嫁接果树最广泛、最重要的砧木来源。

第二，直接用作果苗。核桃、板栗、枇杷、椰子、油梨、银杏、杧果、番木瓜、番荔枝、腰果以及罗汉果等果树的实生苗，均可直接用作果苗栽植。有些地方的桃、龙眼、甜橙、红橘等果树，也常采用实生苗作果苗定植。尽管这些果树的实生苗能较稳定遗传母本的特性，但直接用作果苗仍有不少缺点，如进入结果期及盛果期迟，有些种类多刺不便管理，甚至会出现劣变，这对果园将来的生产能力和经济效益都会产生不良影响。因此，这种繁殖方法在我国优质水果商品基地建设中，正逐步被嫁接等繁殖方法所取代。

第三，作为培育新品种的原始材料。实生选种是果树有性选种的重要方法之一。利用杂交后代杂合性强、遗传变异大的特点，通过对人工或天然杂交后代实生苗的选择、鉴定和定向培育，可以选育出新的栽培品种或砧木类型。在这方面成功的例证不胜枚举。例如，雌雄异株果树猕猴桃的主要品种，几乎都是从天然杂交后代实生苗群体中选育出来的。

第四，培育无病毒苗木。许多果树的种子不带病毒，在隔离条件下，可以利用实生苗繁殖脱毒品种苗木，这对实现果树无病毒化栽培具有重要作用和意义。

二、种子的采集、贮藏和检验

(一)种子采集

种子的质量关系到实生苗的长势和合格率，是培育实生苗的重要环节。采种时，首先要注意选择采种母树。作为采种母树必须是品种纯正、生长健壮、无严重病虫害的成年树。实践证明，这些母树上产生的种子，充实饱满、发芽率高，其长成的苗木也生长健壮、整齐度好，抗逆性强。对于核桃、板栗、银杏等用实生苗作果苗栽植的树种，其采种母树还要求必须具有丰产、稳产、品质优良等特性。其次，要做到适时采收。正确地掌握采种时期很重要。过早采收，种子尚未成熟，种胚发育不完全，贮藏养分不足，这样的种子生活力弱，发芽率低。过晚采收，果实成熟以后容易自然脱落或遭受各种危害（如鸟、虫、兽等危害）难以保证种子的数量和质量。种子的成熟过程，分为生理成熟和形态成熟 2 个时期。生理成熟期的种子，种胚已发育成熟并具备发芽能力，内部营养物质呈易溶状态，含水量高，种皮不致密，容易失水和渗出内部有机物，导致遭受微生物感染，所以容易发霉腐烂，不能长期贮存。形态成熟期的种子，种胚已完成生长发育过程，种子含水量减少，干物质逐渐积累，重量增加，种皮色泽加深、老化致密，不易霉烂，适于贮存。生产苗木所用的种子多采用形态成熟的种子。判断果树种子形态成熟的标准，主要根据果实和种子的形态特征。肉果类果皮由绿色转变为固有的颜色，果肉变软，种子含水量降低，硬度增加到固有的程度，种皮颜色加深而有光泽，种仁饱满。干果类如核桃成熟的标志是总苞自行开裂并大部分脱落；板栗成熟的标志是总苞裂开并露出深褐色坚果。大多数果树的种子，其生理成熟和形态成熟基本一致，但也有些果树的种子，在形态成熟之前，已经生理成熟。还有少数果树的种子，形态成熟以后，再经较长时间的生理后熟，种胚才能完成生理成熟过程具备发芽能力。种子采集的最后一个环节是取种。取种的方法，根据果实的特性可分为2类。

1. 肉果类取种 如苹果、梨、桃、杏、枇杷、葡萄、柑橘、猕猴桃等果树，其果实含有较多的水分和糖分，容易腐烂。因此，对此类果树的果实，一般先将果实放在阴凉处堆沤，待果肉腐烂后，再用清水漂洗收取种子。在堆沤期间，堆内温度应控制在35℃以下，长时间高于35℃，会损伤种胚影响发芽力，当温度高达45℃～50℃时，大多数果树种子会失去发芽力，不能供作种子使用。为防止温度过高损伤种胚，果堆不宜太高，一般为30～40厘米，最多不能超过50厘米，还要时常观测堆内温度，如遇温度过高，应立即对果堆进行翻动或摊开降温。

2. 干果类取种 像板栗、核桃等果树，一般于果实采集以后，选择阴凉通风的地方堆放，堆的高度一般要求不高于1米，如天气干燥须适当洒水，以总苞全部湿润为度，经3～5天总苞开裂后收取种子。最好再对收取的种子进行水选处理（在清水中浸泡1昼夜）去除虫害及发育不良的种子。

种子经漂洗（肉果类）或水选（干果类）处理后，放在晒垫上沥干水分，然后再放在干燥、阴凉、通风的地方晾干。很多果树的种子，尤其是柑橘、枇杷、板栗等果树的种子不能在阳光下曝晒。因为过于干燥，容易使种子失去发芽力。主要果树及砧木种子的采集时期和处理方法见表4-1。

（二）种子贮藏

种子晾干之后，先进行精选，除去有生命杂质（如杂草种子、异品种种子等）无生命杂质（如泥沙、稃壳、茎叶等）和废种子（如破碎种子、已发芽种子、瘦瘪种子等），使种子的纯度和净度均达到95％以上，再根据种子大小，饱满程度，或重量进行分级。

表4-1　主要果树及砧木种子采集时期和处理方法

树　种	采种时期	处理方法	树　种	采种时期	处理方法
山定子	9～10月	堆沤、漂洗、晾干	山葡萄	8～9月	堆沤、漂洗、晾干
湖北海棠	10～11月	堆沤、漂洗、晾干	贝达葡萄	8～9月	堆沤、漂洗、晾干
三叶海棠	10月中下旬	堆沤、漂洗、晾干	山　楂	8～11月	去果肉，洗净后湿藏
楸　子	8月	堆沤、漂洗、晾干	银　杏	9月中旬至10月下旬	去除外种皮或保留外种皮，晾干后湿藏
杜　梨	8月上旬至9月上旬	堆沤、漂洗、晾干	核　桃	9月中下旬	堆积去除总苞、水选、晾干
豆　梨	8月上旬至9月上旬	堆沤、漂洗、晾干	核桃楸	9月中旬至10月下旬	堆积去除总苞、水选、晾干
毛　桃	8月中下旬	堆沤、漂洗、晾干	板　栗	9～10月	堆积去除总苞、水选后湿藏
山　桃	7月中下旬	堆沤、漂洗、晾干	茅　栗	9～10月	堆积去除总苞、水选后湿藏
杏	6月下旬至7月中旬	堆沤、漂洗、晾干	榛	9月	堆积去除总苞、晾干
梅	4月中旬至7月中旬	堆沤、漂洗、晾干	枇　杷	5～6月	剥果取种，洗净晾干后湿藏
中国樱桃	4月下旬至5月中旬	堆沤、漂洗、晾干	杨　梅	6月上旬至6月下旬	去果肉洗净，晾干后湿藏

续表 4-1

树　种	采种时期	处理方法	树　种	采种时期	处理方法
甜樱桃	5月下旬至6月下旬	堆沤、漂洗、晾干	枳	7月中旬至10月	横剖果实取种，洗净后立即播种或湿藏
毛樱桃	6月上旬中旬	堆沤、漂洗、晾干	酸　橘	11月中旬至12月上旬	横剖果实取种，洗净后立即播种或湿藏
普通枣	8～9月	浸泡去果肉，洗净晾干	红　橘	11月下旬至12月中旬	横剖果实取种，洗净后立即播种或湿藏
酸　枣	9月中下旬	浸泡去果肉，洗净晾干	龙　眼	8～9月	去果肉洗净，晾干后湿藏
君迁子	10月中旬至11月上旬	堆沤、漂洗、晾干	荔　枝	6～7月	去果肉洗净，晾干后湿藏
柿	9～11月	堆沤、漂洗、晾干	番木瓜	周年	横剖果实取种后晾干
中华猕猴桃	9～10月	堆沤、漂洗、晾干	美味猕猴桃	10～11月	堆沤、漂洗、晾干

经过精选、分级以后，有些果树的种子可以马上播种，如一些热带果树龙眼、荔枝以及枇杷、柑橘等，但多数果树的种子需要经过一定时间的妥善贮藏，以保持种子的生活力。一般情况下，保持种子生活力的贮藏条件是，既要做到减慢种子的呼吸和其他代谢过程，又要不损伤种胚。为达到这个目的，最主要贮藏条件是降低种子的含水量，降低贮藏环境的温度、湿度和改善通气状况。另外，在种子贮藏期间还要注意对种子微生物、害虫以及鼠害的防治。

种子贮藏的方法，应该根据树种、种子数量以及贮藏期长短而决定，通常有以下2种形式。

1. 冷凉干燥贮藏　适于含水量低、秋收、冬藏、春播的种子。大多数落叶果树的种子，如山定子、湖北海棠、杜梨、豆梨、杏、枣、葡萄、猕猴桃等均可以采用这种贮藏方法。具体做法是，在种子充分晾干后，装入容器置于冷凉（0℃～5℃）、干燥（空气相对湿度50％～60％）处贮藏。

2. 冷凉潮湿贮藏　适于含水量较高，降低水分含量生活力就迅速减退或丧失的种子。板栗、核桃、甜樱桃、银杏、柿以及绝大多数常绿果树的种子如龙眼、荔枝、枇杷、油梨、柑橘等，均可采用这种贮藏方法。这种贮藏方法的温度为0℃～10℃，空气相对湿度为80％左右，将种子密封贮藏于容器中，或与保持适宜水分的介质相混合，以维持种子的水分含量，保证种子的生活力。但是，如果能创造低温、低湿和氧气稀少的环境条件，也可以使不适于干藏的种子维持良好的生活力。

（三）种子检验

种子检验就是应用适当的方法，对种子的品质或质量进行检验、分析、鉴定，以判断其优劣的一项工作。种子的品质，包括品种品质和播种品质2个方面。品种品质是指种子的真实性和品种纯度；播种品质包括种子的净度、发芽力、生活力、千粒重、水分含量和病虫危害率等。品质优良的种子应当是品种纯度高，清洁、干净、充实、饱满，生活力强，水分含量低，不带病虫的种子。种子品质检验的方法很多，比较简便、实用的方法有以下几种。

1. 目测法　是一种运用眼、鼻、嘴、手等感观器官和一些正确的试验方法，通过对种子的观察、感触和检测，直接鉴定种子外在和某些内含性状的检验方法。凡品质优良的种子，大小形状一致，充实饱满，色彩鲜丽、有光泽，种皮不皱缩或开裂，用手触摸有湿润感，无霉臭味、无杂质以及无机械或病虫损伤。在此基础上还可以辅以正确的试验方法，对种子品质作进一步检验。解剖法，认为种仁饱满、胚纯白色者为良种；加压法，认为有弹性，压之呈扁平状，不粉碎并出现油渍者品质优良；称重法，选择充分晾干的纯净种子1 000粒，称其重量，以此判断种子是否充实饱满，通常越重越好。

目测法是一种快速、简便、实用的检验方法，在生产实践中有一定的使用价值。有经验的育苗工作者，运用这种方法，不但能比较准确地检验种子的品种品质，检定种子的真实性和品种纯度，也能对种子净度、生活力、千粒重、病虫感染率等播种品质进行检定。这种方法的主要不足是，不能精确地测定种子的生活力和发芽率。

2. 种子生活力测定 种子生活力是种子发芽的潜在能力，测定生活力能在短时间内了解到种子的发芽能力。其测定方法多采用生物化学速测法，目前常用的方法有四唑染色和靛蓝胭脂红或曙红染色法。

(1)**四唑染色法** 亦称TTC法。常用2,3,5氯化三苯基四氮唑($C_{19}H_{15}N_4Cl$)作染色剂。其原理是：有生活力种子的胚细胞含有脱氢酶，具有脱氢还原作用，被种子吸收的无色2,3,5氯化三苯基四氮唑，在脱氢酶的作用下，被还原成红色稳定和不易扩散的化合物三苯基甲臜，无生活力的种子则无此反应，故不染色。由此可以根据胚部染色程度不同和染色部位不同，判断种子的生活力。凡种胚染成红色的为有生活力的种子；不染色或染成淡红的为无生活力或生活力弱的种子。

测定时将准备做试验的种子，经清水浸渍，使种皮软化后切开或剥去种皮，浸入0.1%～0.25%浓度的四唑溶液中[先用少量酒精溶解染色剂(30℃～40℃)，再配成所需浓度并调整pH至7.0±0.5]，在暗处置放6～24小时(温度低染色时间长)后取出，沥去四唑溶液，用清水稍加冲洗，在5～25倍的放大镜下进行检查鉴定。

(2)**靛蓝胭脂红或曙红染色法** 靛蓝胭脂红为一种有机苯胺染料，可作大多数林木种子的染色剂。其测定原理是：活细胞的原生质具有选择渗透性，某些苯胺染料不能渗入活细胞内部，因此不能着色，死细胞原生质则因无此能力而被染成蓝色。由此可根据胚组织染色反应判断种子生活力的有无或强弱。

测定时，参照四唑染色法将种子切开或剥去种皮，浸入0.1%～0.2%浓度靛蓝胭脂红溶液中，在室温条件下置放2～4小时后，取出种子清洗干净进行观察。凡种胚未染色者为有生活力的种子；染成斑点状者为生活力弱的种子；种胚或胚根染成深蓝色者为无生活力的种子。

曙红亦称红墨水，化学名称为四溴荧光素。其测定原理、种子准备、药剂浓度、染色鉴定等均与靛蓝胭脂红染色法基本相同，但此法对染色时间的要求较为严格，一般为1小时，时间过长观察困难。凡种胚染成红色者为无生活力种子，不染色或染色较浅者为有生活力种子。此外，用0.1%酸性品红或0.5%～1.0%医用红药水，也可测定种子的生活力。其原理与方法均与靛蓝胭脂红染色法基本相同。

3. 种子发芽试验　种子发芽力是种子播种品质的最重要指标，发芽试验的目的就是测定种子的发芽力。此法测定种子品质比较准确可靠，对育苗工作具有重要意义。

发芽试验是将无休眠期或已解除休眠的种子，均匀地摆放在用滤纸、毛巾或纱布做成的发芽床上，给予一定的水分，置于20℃～25℃，并适当通风的条件下，使其发芽，然后计算种子的发芽百分率。

三、种子的休眠与预处理

(一)种子休眠

具有生活力的种子而停留在不能发芽的状态，被称为休眠。

种子的休眠有 2 种情况：一种是种子已具有发芽能力，由于不具备发芽所必需的基本条件，而被迫处于静止状态，这种情况称为被迫休眠；另一种是种子未完全通过生理成熟阶段或存在某些阻碍，即使在吸收水分，并置于适宜的温度和通气条件下也不能发芽，这种情况称为生理休眠或自然休眠。导致种子被迫休眠的原因，一般认为主要是由于不能满足发芽的环境条件，如适宜的水分、温度和通气等，只要改变环境条件，满足其要求就可以随时解除休眠而发芽。种子自然休眠的生理和原因则比较复杂，主要有种胚尚未成熟、种子未完成后熟、种皮或果皮的障碍，以及抑制剂和植物激素的影响等。

(二)种子预处理

种子的休眠，是果树在长期系统发育过程中，形成的一种特性和抵抗不良环境条件的适应性。通常与植物种类发生的地理环境有关。南方常绿果树的种子一般无明显的休眠期或休眠期很短；北方落叶果树的种子大多具有自然休眠特性。种子的休眠特性有利于果树的生存和繁殖，也有利于种子的贮藏，但对播种育苗则带来一些困难。因此，在播种之前需要对休眠种子进行预处理。利用人为措施，在人工控制条件下，打破种子休眠或解除果皮或种皮障碍，促进种子萌发。预处理的方法很多，现将主要方法介绍如下。

1. 层积处理 就是将种子与湿润而清洁的河砂相间成层堆积贮藏，所以也称为砂藏处理。层积介质并不限于河砂，像砂质壤土、泥炭、蛭石、珍珠岩、苔藓等均可，也不论成层或混合堆积，只要能满足种子对低温和湿润条件的要求，都可当作层积处理。这是果树种子在播种前，应用最广而且最有效的一种预处理方法。通过层积处理，能够为种子创造适宜的水分、温度和通气条件，促进种子后熟过程的完成，进而打破种子休眠，为发芽良好，出苗快、齐做好基本准备；同时，可以人为地避免秋冬播种后，所遇到的一切不良环境条件的损失和减少秋冬播种后至春播之前的人工管理。

层积的方法有：容器贮藏、堆藏及沟藏等。层积可以在室内或露地进行。生产上多采用室内堆藏或露地堆藏，南方由于雨水较多一般不采用露地沟藏。少量种子可采用木箱或瓦盆等容器贮藏。如种子较多，贮藏堆过大时，还应在贮藏堆的中间放置竹笼，以便通气。在露地堆藏时，堆的周围要开好排水沟，室内堆藏不宜选用水泥地面。贮藏堆上要覆盖草帘或塑料薄膜，以利于保湿和防止鸟、鼠等危害。

层积处理时，河砂的湿度以手握成团，松手后出现大裂缝为度，大约为河砂最大持水量的 50％左右。河砂的用量，小粒种子一般为种子的 3～5 倍，大粒种子为 5～10 倍，种子与河砂分层贮藏或混合贮藏均可。层积期间有效最低温度为－5℃，有效最高温度为 17℃，超过上限或下限温度，种子不能发芽而转入二次休眠。种子层积还需要良好的通气条件。大多数落叶果树的种子，需要在 2℃～7℃的低温、介质湿润和氧气充足的条件下，经过一定时间完成其后熟阶段。

层积时间（日数）的长短，因树种、气候以及层积前的贮藏条件不同而异，一般核果类种子，因核壳坚硬透性差，需要层积较长的时间，仁果类种子吸水容易发芽也快，需要层积的时间相对较短。开始层积的日期，可按播种日期并根据所需要的层积天数向前推算出来。例如，在武汉地区，毛桃多于 2 月中旬播种，其层积日数需要 90 天左右，据此可以推算出毛桃种子应于上一年 11 月上旬开始层积。主要树种种子层积所需天数见表 4-2。

表 4-2 主要果树种子层积日数 (2℃～7℃)

树　种	层积日数	平均日数	树　种	层积日数	平均日数
山定子	25～35	30.0	枣、酸枣	60～100	80.0
湖北海棠	30～40	35.0	柿、君迁子	60～90	75.0
海棠果	40～50	45.0	猕猴桃	35～50	42.5
杜梨、豆梨	40～50	45.0	酸橘、红橘	60～80	70.0
沙　梨	50～60	55.0	枳	60～80	70.0
毛桃、山桃	80～100	90.0	银　杏	120～150	135.0
李	80～120	100.0	核桃、核桃楸	60～80	70.0
杏	100	100.0	板栗、茅栗	80～150	115.0
山葡萄	90	90	山　楂	150～240	195.0
毛樱桃	75	75	杨　梅	150～180	165.0
甜樱桃、酸樱桃	90～120	105.0			

2. 机械或化学处理　对于那些因种皮或果皮的障碍，影响水分和气体的透过，使种胚不能从外界吸收发芽所需要的水分和氧气的种子；或者由于果皮或种皮的机械约束作用，使种胚不能向外伸展的种子，可用刀、锉、砂纸或机械等刺破的方法进行处理。例如，河北省有一些地方用碾压法处理山楂种子：将种子在缠有 8 号铁丝的石碾上碾压（铁丝间须留有间隙），使种壳破裂而不伤种仁。也有在特定的搅拌机中，加入粗砂或碎石与种子一起搅拌，以磨破种皮。也可以用酸、碱溶液腐蚀种皮，或用酒精及其他脂肪溶剂将果皮或种皮上的蜡质溶解。酸碱处理常用 95% 的浓硫酸浸种 10～120 分钟（最长可达 6 小时），或用 10% 的氢氧化钠溶液浸种 24 小时左右，浸后用清水将种子冲洗干净。有些试验还表明，在常温或低温条件下，种子在 100～330 毫克/升赤霉素溶液中浸渍 24 小时，对苹果、桃、欧洲榛、朝鲜花楸、早熟樱桃等果树的种子都

有促进发芽的作用。用浓度为300～500毫克/升的溴化钾溶液浸种24～48小时，对促进海棠、杜梨、君迁子、板栗等果树种子的萌发也有一定效果。处理后的种子发芽时间短并且发芽势旺盛。

3. 水浸法　常用于核桃种子的处理，将种子放在冷水中浸泡7～10天，每天换水1次；或将种子装袋压入河流或水渠的流水中，使其充分吸水膨胀，待部分种子裂口时即可播种。有些地方在处理山桃、毛桃、杏、李、核桃种子时，还采用干湿交替处理法，即将种子先在冷水中浸泡24小时，再在阳光下晒1天，这样干湿交替进行，大约2周时间种壳开裂后即可播种。

种子播前预处理的方法很多，不同的处理方法可以单独使用，也可以将2种或2种以上的方法结合使用，而且效果更好。例如，先将种子进行机械破皮或酸、碱处理后，再进行层积处理；或先将种子冷水浸泡，再行干湿交替处理，然后进行层积处理。

四、播种及播种后的管理

(一)播　种

播种是培育果树实生苗和砧木苗的关键环节，播种质量对苗木数量和质量影响很大。因此，在做好土地整理、土壤消毒、种子预处理等各项播前准备工作的同时，还要注意有关播种的各项技术和质量要求。

1. 播种时期　一般温带地区，可分为秋播、春播和采后即播。在亚热带、热带地区则全年可以进行播种。采用秋播或春播，要根据当地的土壤、气候条件和种子的特性决定。在土质较好、湿度适宜、冬季较短而不十分寒冷的地区，可采用秋播。秋播时，种子一般不需要进行层积处理，但对果皮或种皮过于坚实、致密的种子，也可以在播种前进行机械或化学方法的预处理。秋播后的种子，能在田间通过后熟，翌年春季出苗较早，生长期长，生长快而健壮。秋播还能省去层积处理的工序，而且播种时间较长，便于安排劳力。适宜秋播的果树有山楂、葡萄、山桃、毛桃、杏、李等。但在秋冬季寒冷、干旱、风沙大、土质不良和鸟、鼠危害严重的地区，则不宜秋播，应采用春播。适宜春播的果树有板栗、核桃、柿子等。春播的种子必须经过层积或其他处理，使其通过后熟解除休眠，以保证出苗正常和整齐一致。湖北海棠、山定子、杜梨、豆梨、枣、枳等果树的种子秋播、春播均可以。在华中地区，秋播时期为11月上旬至12月下旬，其偏北地区可以提早1～2周；春播时期为2月下旬至3月上旬，其偏北地区可以推迟1～2周。

一些常绿果树的种子，采后容易因干燥失水丧失发芽力，应随采随播。例如，枳壳嫩籽在7月中旬至8月上旬播种；枇杷在4～6月份播种；在福建、广东一带的荔枝、龙眼、杧果等一般于6～9月份播种；番木瓜于2月下旬至9月中旬，番荔枝于8月下旬至9月下旬播种。

2. 播种量 指单位面积内，生产一定数量苗木所需种子的重量，一般用千克/667平方米或千克/公顷表示。播种量的多少，不仅影响苗木的产量和质量，也与育苗成本密切相关。因此，播种时应正确计算播种量，其计算公式为：

每667平方米播种量(千克)＝每667平方米计划育苗数÷(每千克种子粒数×种子发芽率×种子纯度)。

在育苗过程中，常因播种质量、田间管理和病虫害等因素，损伤一定数量的苗木，为确保计划育苗数量，应在计算播种量的基础上，再增加一定比例的播种量，即增加计算播种量×损耗系数的播种量，果树种子的损耗系数一般为0.1～0.2。也就是说，实际播种量高于计算播种量的10%～20%。

例：每667平方米计划生产枣砧木苗1.5万株，种子纯度(净度)95%，发芽率80%，每千克种子2600粒，种子损耗系数为0.2。

每667平方米播种量为：

每667平方米播种量(千克)＝15 000÷(2 600×0.8×0.95)×(1＋0.2)＝9.11(千克)。

在生产上，如果种子的品种品质和播种品质能达到质量要求，为方便操作，也可以按常用播种量播种(表4-3)。

表4-3　主要果树和砧木种子每千克粒数及播种量

树　种	每千克种子粒数	播种量(千克/667平方米)	树　种	每千克种子粒数	播种量(千克/667平方米)
山定子	150000～220000	1～1.5	山　楂	13000～18000	7.5～15
海棠果	40000～60000	1.5～2	核　桃	70～100	100～150
湖北海棠	80000～120000	1～1.5	核桃楸	100～160	150～175
杜　梨	70000～80000	1.5～2	板　栗	120～300	100～150
豆　梨	80000～90000	1.5～2	野板栗	200～320	100～150
沙　梨	30000～40000	1～2	枇　杷	440～500	80～100
毛　桃	300～400	30～50	枳	4400～5000	20～50
山　桃	300～500	20～50	枳　橙	4000～5000	35～50
杏	800～1400	15～30	酸　柚	2400～5000	30～50
毛樱桃	8000～14000	7.5～10	枸头橙	6000～6400	15～45
山樱桃	12000	7.5～10	红　橘	4700～5200	25～40
甜樱桃	10000～16000	7.5～10	酸　橘	7000～12000	15～40
普通枣	2000～2600	7.5～10	红檬檬	12000	20
酸　枣	4000～5600	4～6	龙　眼	500～600	60～75
君迁子	6000～8000	5～10	荔　枝	320	100～125
柿	1200	15～20	杧　果	50	375～400
山葡萄	26000～30000	1.5～2.5	番荔枝	4000	6～8
银　杏	540～600	50～75	番木瓜	50000	1.7～2
猕猴桃	800000～1200000		杨　梅	1000～2000	

3. 播种方法　种子播种，主要有大地直播和畦床播种2种方

式。前者播种后不进行移植，就地培育苗木，后者在幼苗期需要进行移苗重新栽植。大地直播是生产上常用的播种方式。畦床播种因为幼苗移植比较费工，在生产上应用不多，但幼苗经过分级移植和精细管理后，生长健壮、整齐，更有利于实生果苗的出圃和砧木苗的嫁接。例如，武汉地区在枳壳嫩籽播种时，为了便于幼苗越冬保护，常采用畦床播种；猕猴桃因为种子细小，对播种条件（整地、温度、水分管理）要求很高，也常用畦床播种。另外，还有一些以出售砧木苗为主要目的的苗圃，也多用这种方法培育幼苗。

播种方法主要根据种子大小、苗木习性、田地条件和育苗要求而定，常用的有撒播、点播和条播。撒播，是将种子均匀地撒在畦床上，多用于苹果、梨等仁果类果树的小粒种子。这种方法，较为省工且产苗量较高，但存在苗木分布较密、管理不便、营养面积小、苗木生长较为细弱的缺点。点播，是将种子按播种要求摆放于播种沟内或穴内，主要用于大粒和发芽势强的种子，如核桃、板栗、银杏、桃、李、杏以及龙眼、荔枝、枇杷等树种。点播时按种子大小和发芽势强弱，每穴摆放 1～3 粒种子，并注意种子的摆放方式。例如，核桃点播时，以种子的缝合线与地面垂直、种尖向一侧为好，其他摆放方式因幼根或幼茎的弯曲，往往导致出苗较迟。点播苗木分布均匀，生长健壮，缺点是单位面积产苗量较低。条播，是按行距要求在苗床上开沟播种的一种方法。大粒、小粒种子均可采用。行距和播幅（播种沟的宽度）依苗木生长习性决定，一般行距为 10～15 厘米，播幅为 5～10 厘米。这一方法在一定程度上弥补了撒播和点播的某些不足，但仍存在苗木在播种沟内较为密集的缺点。为克服这一缺点，可采用宽幅条播，将播幅加宽到 10～15 厘米，即在较宽的范围内条播，这样既可提高单位面积的产苗量，又能提高苗木质量。武汉地区，多采用宽窄行条播（也称为双行带状条播），畦床宽 130 厘米左右，每畦播种 4 行，两侧窄行宽 15～20 厘米，中间宽行宽 50～60 厘米。这样既可以增加播种密度，又便于嫁接时操作(图 4-1)。

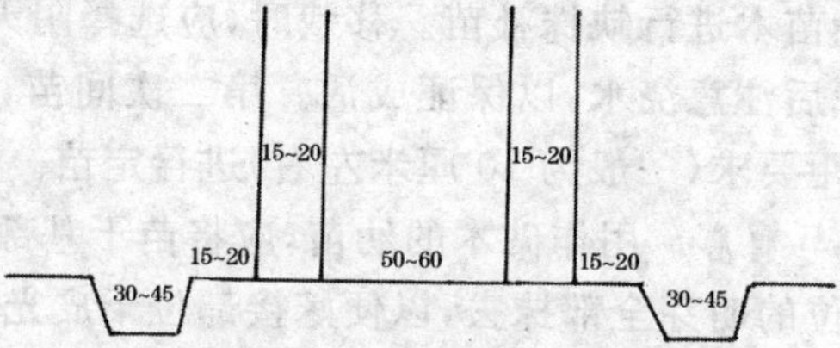

图 4-1　宽窄行条播示意图　(单位:厘米)

撒播或条播时,可将种子与细砂或细土杂肥拌匀,先稀播、后补播分次进行,使种子在苗床上分布均匀。播后立即覆土。覆土厚度(播种深度)对种子发芽出土影响很大,覆土过厚,土温低、氧气不足,种子发芽困难、出苗晚甚至不能出土。覆土过薄,种子得不到足够和稳定的水分,也容易遭受鸟、鼠等危害,影响出苗率。覆土厚度因种子大小、气候条件和土壤性质而异,一般以种子横径的 2～4 倍为宜。通常大粒种子比小粒种子覆土厚,干燥地区比湿润地区厚,秋冬播比春播厚,砂质土比黏土厚。覆土要求均匀一致。一般大粒种子多用苗床土进行覆盖,但在播种小粒种子或土壤黏重时,应采用疏松肥沃的腐殖土或过筛后火烧土和土杂肥进行覆盖。为有利于种子发芽出苗,尤其在干旱地区,或风大而水源较少时,覆土后还应立即覆盖塑料薄膜或盖草,进行保墒。

(二)播种后的管理

1. 幼苗出土与揭除覆盖物　揭除薄膜或草等覆盖物的时期,一般在幼苗出土 1/3 时进行较好,过早不能完全发挥覆盖作用,过晚会影响(黄化)甚至损伤幼苗生长。揭除时间应选在阴天或晴天下午 3 时以后进行,以防幼苗被阳光灼伤。

2. 间苗、移栽　幼苗出土以后,为避免过密影响生长,应进行合理间苗。间苗一般可分 2 次进行。第一次在幼苗 2～4 片真叶时进行，剔除过密、生长不良和受病虫危害的幼苗，并结合这次间苗，移栽健壮苗木进行缺株补苗。移栽时，应选择阴天或晴天的傍晚进行，移栽后注意浇水，以保证成活。第二次间苗，在苗高 6～8 厘米时按株距要求(一般为 10 厘米左右)进行定苗。

3. 抹芽与摘心 用作砧木的幼苗，应将苗干基部离地面 5～7 厘米以下部位的萌芽全部抹去，以便嫁接部位干皮光滑，这样既便于嫁接操作，也有利于嫁接成活。当幼苗长到 30 厘米左右时，为加速茎干的加粗生长，使其尽快达到嫁接要求，需要进行适时的摘心。摘心可分几次进行，先达到高度要求的先摘，后达到高度要求的后摘。

4. 土肥水及其他管理 保持土壤疏松、湿润和无杂草状态，施肥要做到“薄肥勤施”，随着苗木的生长，施肥浓度逐渐加大。在幼苗阶段，追施人粪尿或化肥后，应立即在幼苗上浇 1 遍清水，以防肥液损伤幼苗。同时，还要注意苗圃地排水、灌溉和病虫防治，保证苗木不受渍、旱和病虫危害。

思考题

1. 什么叫实生苗？其特点和利用情况如何？
2. 怎样采集和处理砧木种子？
3. 以核桃或板栗为例，详述种子贮藏的条件和方法。
4. 什么叫种子品质？种子品质检验有哪些方法？
5. 有哪些方法可以鉴定种子的生活力？
6. 何为种子休眠？
7. 举例说明怎样进行种子层积处理。
8. 怎样提高山楂种子的发芽率？
9. 种子播种有几种方法？猕猴桃和核桃怎样播种？
10. 详述种子播种后应怎样管理。

第五章　果树自根苗的繁殖

一、自根苗的特点和利用

用扦插、压条和分株等方法，使营养器官生根或发芽培育成的苗木，因其都具有自身的根系，故称为自根苗，也称自根营养苗。

（一）自根苗的特点

第一，遗传变异小，能保持母株的优良性状和特点，并且进入结果期早。

第二，植株生长健壮，地下部与地上部养分运输通畅，而且地下部吸收的矿质元素，特别是钾、镁元素较多。

第三，苗木生长特性、形态特征整齐一致，便于栽植和生产管理。

第四，繁殖方法简便，容易学习掌握，育苗周期短，生产成本比较低。

第五，由于不受砧木的影响，不存在嫁接亲和力的影响。但自根苗由于没有利用砧木的优点，其抗逆性和适应性不及嫁接苗。自根苗一般缺乏主根，根系分布较浅，因此其抗逆性、固地性也不及实生果苗和嫁接苗。

（二）自根苗的利用

1. 用作果苗　自根苗可以作为果苗用于果园生产。例如，葡萄、石榴、无花果、刺梨、榅桲以及香橼、番石榴等果树，主要采用扦插繁殖；杨梅、荔枝、杧果、枇杷、柚、龙眼、油梨以及某些柑橘类果树,可以采用压条繁殖;枣、银杏、石榴、香蕉、菠萝等,主要采用分株繁殖。

2. 用作砧木 自根苗亦可作为嫁接用的砧木,这种砧木称为自根砧。常用于实生苗变异大、不能保持性状一致性的树种,也可用于种子甚少而且发芽率较低以及一些嫁接比较困难的树种。目前生产上,广泛采用的苹果和梨的营养系矮化砧木,就多采用压条或扦插的方法进行繁殖;柑橘类的砧木枳壳、枳橙、枳柚等扦插也容易成活,而且苗木生长整齐、健壮;葡萄的抗病、抗虫、抗寒、耐湿、耐碱砧木也用扦插繁殖。在我国利用根蘖苗作砧木嫁接苹果、梨、李、杏、山楂、枣等果树,更是历史悠久,应用广泛。

二、自根苗繁殖的生物学基础

植物具有补充伤残和恢复丧失部分的能力。例如,失去根的茎,在一定的条件下可以发生新根;失去茎的根也同样可以在适当的条件下产生新茎。这种植物营养器官生理上的自然均衡作用,称为再生能力,也叫再生作用。植物再生能力的大小,与不同树种在系统发育过程中所形成的遗传特性有关。自根苗的繁殖,都是靠植物的再生能力,使其一部分器官重新分化发育成一个完整的植株。所以,无论扦插繁殖还是压条或分株繁殖,其能否成活的关键在于茎上能否发生不定根,或根上能否发生不定芽。

(一)不定根的形成

不定根由植物的茎、叶等器官发出,因其着生位置不定,故称为不定根。不定根是由茎内细胞经脱分化,首先形成根原基(亦称根原始体),再由根原基内部组织细胞的继续分化形成的。根原基形成的部位因树种不同而不同,一般多出现于以形成层为中心及其邻接的未分化细胞中,与射线关系密切。多年生木本植物的根原基通常在枝条的次生木质部产生，有的果树是从形成层和髓射线交界处产生。葡萄插条根原基从形成层和次生韧皮射线中的薄壁组织中发生(李万军等，1983)；甜橙试管新梢根原基发生于韧皮部薄壁细胞；梅嫩枝插条根原基产生于韧皮部薄壁细胞，硬枝插条的根原基则由形成层细胞产生(林伯年等，1988)。李、桃、毛花猕猴桃插条的根原基也从韧皮部薄壁细胞产生。

不定根的根原基产生时期，也因树种不同而不同。有些植物不定根的根原基在枝条发育早期未离开母株时就已形成。这种根原基称为潜伏根原基，一般处于休眠状态。枝条离体后在适宜的环境条件下，潜伏根原基可进一步发育并形成不定根。具有潜伏根原基的多为草本或灌木类植物，乔木类植物较少。在果树中香橼、醋栗以及某些苹果和榅桲属于此类。一般而论，具有潜伏根原基的植物扦插时多容易生根，如香橼、醋栗等果树，在自根繁殖时都极易生根。但像苹果的潜伏根原基，经过1年以后就完全木质化，失去其分化功能，扦插时并不容易生根。大多数植物，在其生长的枝条中没有形成潜伏根原基，而是在扦插过程中，茎插条内部分细胞恢复分裂能力，进行细胞脱分化形成根原基。这类植物，如葡萄、毛花猕猴桃等，在适宜的环境条件下，自根繁殖容易生根的也很多。

愈伤组织和插条皮层的解剖学构造，对不定根的形成和发育也有一定的影响。一般认为，愈伤组织对不定根形成没有直接的关系，但形成适量的愈伤组织可为插条提供一个避免病菌侵染和防止营养物质流失的保护层，同时也能提高插条的吸水能力和激素水平，这对不定根的形成是有利的。如果插条皮层中有一、二层或多层由纤维细胞构成的一圈环状厚壁组织时，发根就困难，没有这种组织，或者虽然有但不是连续的，发根就比较容易。这种厚壁纤维组织的多寡，不但因树种不同而不同，枝条的不同年龄，以及同一枝条上梢段和基段也有差异，一般枝龄高和同一枝条的基段，其厚壁纤维组织层数较多，生根较困难。

（二）不定芽的形成

不定芽是指没有一定的着生位置和发生时期的芽。由伤口的新组织或附近的节间发生的芽和由根上、叶片上发生的芽，都是不定芽。不定芽一般多在根上发生，许多树种的根在未脱离母体时，特别在根受伤的情况下，都容易发生不定芽。在年幼的根上，不定芽由中柱鞘靠近维管形成层处产生。在多年生根上，不定芽多由木栓形成层或射线增生的类似愈伤组织中发生。在受伤的根上，不定芽主要在伤口附近或伤口处形成的愈伤组织中产生。在果树中以银杏、无花果等不定芽较多，杜梨、海棠、榅桲、枣、猕猴桃等根上也容易发生不定芽。不定芽对果树苗木的繁殖具有重要意义。

（三）极性现象

在植物的再生作用中，器官的生长发育都有一定的极性现象。植物的不同器官，其极性作用强度亦有很大差异，以茎最强，根次之，叶最弱。扦插繁殖时，枝条和根的极性现象常明显地表现出来，即枝条总是在形态顶端抽生新梢，在其形态下端发生新根。进行根插时，在根段的形态顶端（即远离根颈部位）发根，而在形态基端（靠近根颈部位）抽发新梢。因此，扦插时要注意不能倒插，尤其在根插时，由于根插条两端粗度差异较小和芽眼不明显，因此不容易区分根插条的形态顶端和基端。为防止倒插，应在剪取根插条时，按其形态顶端或基端分别摆放、捆绑，并做好标记，然后再进行扦插。

三、影响扦插与压条成活的因素

(一)内部因素

1. 母株的种类与品种　果树的再生能力依种类不同而有差异。以扦插为例,葡萄、石榴、无花果、柠檬、树莓、刺梨等最易生根;其次是枳、湖北海棠、杜梨、猕猴桃等;生根最难的有栽培品种的苹果、梨、桃、板栗、核桃、山楂等。同一属果树不同种间的再生能力也不同,如在猕猴桃属中,毛花猕猴桃、狗枣猕猴桃、小叶猕猴桃再生能力强,扦插生根率一般可达90%以上,而中华猕猴桃和美味猕猴桃生根比较困难,生根率一般只有20%～30%。同种不同品种生根难易也不同,如枳橙品种卡里佐和佑玛在相同条件下,生根率分别为24%和14%。即使同一种果树,根与枝的再生能力也不相同,山定子、秋子梨、枣、山楂、核桃等,其枝条再生不定根的能力弱,而根再生不定芽的能力较强,因此枝插不易成活而根插容易成活。葡萄、醋栗等的情况恰恰相反,枝插容易成活,根插难成活。柑橘类果树中,只有香橼等叶插比较容易生根。

2. 树龄、枝龄和部位　插条的生根能力通常随母株年龄的增加而降低。油橄榄1年生母株上插条的生根率为100%,但从2年生母株取插条的生根率就降低到50%(尾崎,1956)。枝龄对扦插成活的影响与树龄是相似的。枝龄较小比枝龄较大的扦插容易成活,因其皮层细嫩,分生组织生活能力强,所以生根容易。一株树上的枝条,因部位不同其幼年性也不相同,保持童期最久的部位是根颈部分。杨梅5年生后,用一般枝条扦插完全不能生根,如将树干齐根颈处伐去,用其萌生的萌蘖枝作插条,生根率可达80%(大山,1962)。主梢和侧枝也有差异,侧枝有明显的生根优越性,春天用李树嫩枝扦插时,主梢生根率为10%,生长活跃的侧枝为

19%，已停止生长的侧枝为35%。同一枝条的不同部位生根难易也不相同，一般枝条的基部比顶端容易生根。例如枳橙品种卡里佐和佑玛，其基部插条的生根率分别为24%和14%；顶端插条的生根率为17%和8%。葡萄、越橘、油橄榄也都是基部插条生根最多。但樱桃在用嫩枝弥雾扦插时，生根情况则与以上情况相反。如摩瑞罗樱桃基部为30%，顶端为77%；宾库基部为不生根，顶端为100%；蒙特摩赛基部为10%，顶端为90%。

3. 母株营养物质 影响扦插生根能力的另一个重要因素是母株的营养状态，因为生根和萌芽都需要消耗很多的养分。碳水化合物对生根具有重要性，高含量的碳水化合物有利于生根和根的强健生长。如葡萄插条中淀粉含量高的发根好，生根率达63%，含量中等的为35%，含量低的仅为17%。母株含有较高的碳水化合物，适量的氮素以及充足量的硼、锌、钾、磷、钙等元素时，有利于扦插或压条的成活。生产上通过对母株施用适量的氮肥，必要量的硼、锌、钾、磷等肥和使母株生长在良好的光照条件下，以及在剪取插条前对枝条进行环剥或环缢措施，都可使枝条积累较多的营养物质和生长素，从而有利于插条或压条的生根。

维生素也是植物的营养物质之一。它是植物在叶片中合成，并输送到根部参与植株的生长过程。已证明维生素 B_1、维生素 B_2、维生素 B_6、维生素C和烟碱，特别是维生素 B_1 和维生素C，对不定根的形成和发育具有重要作用。维生素与生长素混合使用，能有效地促进发根。在良好的管理条件下，带叶或带芽的插条，一般都比不带叶或不带芽的插条生根率高。其原因就在于，叶片或芽可以制造生长素和维生素，并输送到插条下部，促进了不定根的分化和生长。因此，在弥雾条件下进行带叶扦插时，应尽量多留叶片，这对促进插条生根十分重要。

4. 植物激素和生根辅助因子 不同类型的植物激素如生长素、细胞分裂素、赤霉素、脱落酸、乙烯等，对不定根的形成和发育都有影响。其中生长素对根形成的作用最大，它是根形成的必需物质，根原基的形成和发育依赖于内部产生的或人工合成的生长素。生长素类植物生长调节剂如吲哚乙酸（IAA）、吲哚丁酸（IBA）、萘乙酸（NAA）、2，4-二氯苯氧乙酸（2，4-D）等，都可以促进苹果、桃、葡萄、猕猴桃、柑橘、杧果、海棠等多种果树插条的生根。吲哚丁酸活力强，比较稳定，不易降解；萘乙酸价格低廉，生物活性强，因此它们在果树生产上应用最为广泛和有效。细胞分裂素一般对根的孕育没有刺激或抑制作用，但在高浓度的生长素和低浓度细胞分裂素条件下，有利于不定根的分化。也有试验证明，细胞分裂素在低浓度（0.8 毫克/升）时，有刺激吲哚乙酸促进生根的作用。细胞分裂素在无菌培养基上，对根插也有促进不定芽形成的作用。赤霉素在较高浓度时会抑制不定根的形成。在生产上，应用各种与赤霉素有拮抗作用的化学物质，如脱落酸、促性腺激素等，降低内源赤霉素的浓度，均能有效地促进插条发生不定根。在苹果矮化砧 M26 扦插时使用脱落酸有促进生根的作用。乙烯也能促进根和叶片组织上形成新根，并能促进茎插条根原基的发育。

很多试验证明，生长素是植物生根必须的，但不是生根的惟一物质。除了生长素外，在子叶、叶片和芽内还有一些被称为成根素的物质也能刺激生根。这些物质本身不是生长物质，单独使用不能促进生根，但在这些物质的参与下，生长素才被赋予加效生根的能力，所以一般把这类物质称为生根辅助因子。

（二）外部因素

1. 温度 温度是生根的重要环境因素，包括插床土壤（扦插基质）温度和空气温度。一般在扦插时，应使插床土壤温度稍高于空气温度。这样可促使插条先生根后发芽，以利于根系水分的吸收和地上部分水分的消耗趋于平衡。一般插床土壤温度以15℃～20℃为宜，热带果树扦插时温度要求稍高，土温以 20℃～25℃较好。但不同树种生根所需要的插壤温度也有不同，如葡萄、猕猴桃在25℃土温条件下发根最好，中国樱桃则以15℃为最适宜。南方早春土温回升快于气温，为使插条先生根后发芽，应适当早插。北方春季气温升高快于土温，所以保证插条成活的关键，是采取措施提高土壤温度。人工控制插壤温度，对生根有良好的促进作用。采用这一措施，在南方可将扦插时间从2月中下旬提前到1月上中旬，使插条生根早，生长期长，苗木质量好。人工控温扦插时，一般要求插壤温度应比气温高3℃～5℃，产生愈伤组织的温度比生根温度略低2℃～5℃，而且插壤温度要相对稳定，不能变幅过大。例如，用地热线增温扦插猕猴桃硬枝时，前期插床土壤温度控制在21℃左右，大约5天产生愈伤组织后，再将土壤温度控制在25℃。大约15天开始生根，45天后85％以上的插条可形成良好的根系。同一种果树，秋插比春插要求较高温度。秋季进行休眠枝扦插时，还必须在7℃以下条件下，对插条进行40天左右的低温处理。

扦插时的空气温度，白天气温21℃～25℃，夜间15℃，一般能满足多数果树常温扦插时的生根要求。在没有插壤增温措施时，空气温度往往通过影响插床土壤温度而影响插条生根。对多数果树而言，气温在10℃以下时生根困难，甚至不能生根；15℃时开始生根；21℃～27℃时容易生根；30℃以上时发根差，管理困难，容易导致插条腐烂、枯萎等高温障碍。

2. 湿度 插床土壤湿度和空气湿度，都对生根有很大的影响。因为扦插以后，插条的细胞分裂、分化和根原基的形成，都需要一定的水分。插条萌芽后，叶片和插条的蒸腾作用也不断消耗水分，加之此时新根尚未形成，水分无法得到充分的补充，如果管理不当或措施不力，往往使插条因过度失水而干枯死亡，这是有生根能力的果树扦插失败的主要原因。因此，为了保证插条生根过程所必需的水分要求，应使扦插环境保持尽可能大的空气湿度。空气湿度越大，越能有效地抑制插条的蒸腾作用，避免插条生根前过度丧失水分，这对插条生根十分重要。但是插床土壤的湿度过高，对插条生根却是有害的。因为在扦插过程中，插床土壤必须维持较高的温度和含有充足的氧气，插壤湿度过高对两者都产生不良的影响。多数果树扦插时的插壤湿度，以稳定在田间最大持水量的50%～60%为最适宜。插条产生愈伤组织和发生不定根时，对土壤湿度的要求也不相同，产生愈伤组织要求较高的土壤湿度，而生根时则不需要太多的水分。因此，对插床土壤水分的管理，在插条生根前和生根时要有所区别。

保持最大的空气湿度，对常绿果树扦插和嫩枝扦插更加重要，因为带叶插条水分的蒸腾消耗，远远大于休眠硬枝插条，所以也更容易导致插条水分亏缺。剪除部分叶片虽然可以减少水分蒸发，但这并不是最理想的办法，因为叶片的存在对生根是有利的。采用喷雾设施，对插条进行间歇性喷雾，使叶片保持一层水膜，既能维持空气中高湿度，又不使插壤水分过多，还可以降低空气和叶片的温度，对插条生根最为有利。这是目前应用最广也最有效的一种扦插育苗方式。除此以外，采用塑料薄膜覆盖、遮荫或铺设苔藓、麻袋片等保水材料，也能增大空气湿度。例如，春季扦插枳橙时，采用塑料小拱棚覆盖，棚内放置湿麻袋片或湿苔藓，拱棚上面架设遮阳网，可使生根率由21%提高到54.2%。同样方法可使枳柚生根率由45.3%提高到74.8%。

3. 氧气　氧气对植物根系的生长具有重要的影响，土壤缺氧根系呼吸减弱，甚至窒息死亡。如成年苹果根系在氧气浓度10%以上时才能正常生长，5%时生长减弱，2%～3%时则停止生长。实生苗在土壤氧气浓度6%～7%时能正常生长，5%时发根受阻（森田，1951）。插条不定根的形成和发育，均要求插壤含有较高浓度的氧气。通常以含有15%以上的氧气并保持适当水分的土壤对生根最有利。

4. 光照　光对插条生根有一定的影响。落叶果树硬枝插条中贮有足够的养分，还可以供给合成的植物生长素，所以可以在缺光条件下进行扦插。但在常绿果树或嫩枝扦插时，适当的光照则有利于叶片进行光合作用，制造养分，合成生根促进物质，并可间接地使插床土温升高，有利于生根。不过强烈的光照，会促进蒸发量上升，尤其在发根前及发根初期，过强的光照会加剧土壤及插条水分的消耗，引起插条落叶、萎蔫，甚至干枯，所以需要用遮光网、竹帘等遮挡一部分光线，待插条生根后再去除遮阳物。

日照对插条生根的影响，因植物种类不同而异。有些树种在短日照条件下容易生根，也有些树种恰好相反，在长日照条件下更容易生根。

5. 插壤 插壤也称为扦插基质或培养土，其主要作用是固定插条，使插条在插床上保持适当间距和深度，并为插条提供适宜的水分、温度和氧气，保证插条正常生根和发育。理想的扦插基质，应该具有良好的通气性，保水、透水性和一定的吸热性；并且要求土壤质地好，容易与插条密接，其颗粒以较细小和均匀为好，一般以粒径 0.15～0.5 毫米的颗粒占 65%左右为宜。对于嫩枝和半硬枝扦插，还要求扦插基质不带有有害的细菌和真菌。插壤肥力不宜过高，如以砂壤土为扦插基质，采用一般熟土即可。因为扦插的首要任务，是保证有较高的生根率。实践证明，像河砂这类肥力很低的扦插基质，对插条生根并无不良影响。相反，扦插基质过肥，在高温多湿状态下，还容易引起插条腐烂而降低生根率。可用作扦插基质材料的种类很多，比较常用的有土壤、河砂、蛭石、珍珠岩、苔藓、泥炭以及砻糠灰等。这些材料有的可以单独使用，有的相互混合后使用，效果会更好。

土壤、河砂廉价但容易得到，是硬枝扦插和根插最常用的基质。对容易生根、抗腐烂能力较强的嫩枝或半木质化枝也可采用。土壤以通气良好的砂壤最好；河砂以粒径 0.25～1 毫米的粗砂粒为好。两者可以单独使用，亦可将 1 份土壤与 1 份或 2 份河砂混合后使用。土壤与河砂混合基质通气性能更好。土壤及土壤与河砂混合基质，使用前应先用40％甲醛50～100倍液进行喷洒消毒灭菌。用河砂作扦插基质进行露地扦插时，往往容易干燥，温度变幅也较大，所以应注意及时喷雾补水和遮荫。河砂最好只用一次，如再次使用须消毒灭菌处理。

蛭石、珍珠岩均经高温处理而成。其通气、保水、透水性能好，还能保温，不带病原菌和害虫，插条不容易腐烂。因此，蛭石和珍珠岩适用于各种果树的扦插，尤其在喷雾条件下，更是难生根树种、常绿果树及落叶果树嫩枝扦插的理想基质。两者可以单独使用，但珍珠岩单独使用时，常因干燥出现浮动，需要加强管理。也可以与其材料混合使用。例如，蛭石与珍珠岩等量混合；蛭石或珍珠岩与泥炭或河砂混合等。一般混合基质比单一基质更有利于插条生根。

苔藓的保水性能最好，酸性较弱，较耐腐，并且通气好，温度变幅小，因此适宜于对水分要求较高的嫩枝扦插。但其富有弹性，在插床上不易固定，起苗时容易断根，所以最好与其他基质混合使用。苔藓也是高空压条常用的生根基质。

泥炭含有丰富的植物纤维，具有良好的团粒结构，质轻多孔，酸性较弱，保水、通气、保温性能好。泥炭一般不单独使用，在大多情况下，是为增加扦插基质的含水量，与其他基质混合使用。泥炭与河砂的混合物，是多种果树插条的理想生根基质。泥炭与河砂等量混合，或1份泥炭与2份河砂混合均可。泥炭与河砂的混合比例，应依扦插材料和扦插方法而定。在喷雾条件下扦插时，泥炭比例不宜过大。否则，会因基质湿度过高，而引起幼根腐烂死亡。泥炭与珍珠岩混合也是一种常用的扦插基质。

砻糠灰是稻壳燃烧后的余烬。砻糠灰疏松，灰粒大小一致，具有良好的通气性、保水性和透水性，并且不带病原菌和害虫，在喷雾条件下不易板结，使水分状况始终保持一致。因此，是一种喷雾条件下，理想的扦插基质。

扦插基质的酸碱度，对插条不定根的形成和发育也有一定的影响。不同种类的果树对酸碱度的要求，差异较大。柑橘、枇杷、菠萝喜微酸性基质，葡萄、枣则喜微碱性基质。但总的来说，扦插基质 pH 5.5～7.5，对大多数果树插条是适宜或比较适宜的。

四、促进生根的方法

（一）机械处理

1. 剥皮 对具有发达的木栓组织的果树以及生根比较困难的树种或品种，在扦插之前，先将表皮木栓层剥去（勿伤韧皮部），对发根有促进作用。因为剥皮之后，能加强插条的吸水能力，幼根也容易长出。葡萄硬枝插条，经剥皮处理后扦插，生根时间比未剥皮者早 3～5 天。

2. 纵刻伤 用手锯、刀子或其他工具，在插条基部 1～2 节的节间处，刻划 5～6 道长 2～3 厘米的纵伤口，刻伤深达韧皮部，以见到绿色皮为度，有促进生根的作用。例如，对葡萄硬枝插条纵伤后扦插，不仅在节部和剪口周围发根，在通常不易发根的节间纵伤沟中，也能形成排列整齐的不定根。油橄榄枝条，在皮层形成根原体部位的外侧有一圈较硬的厚壁纤维细胞，通常阻碍根原基的形成和伸出生长，刻伤可以切透厚壁组织环，使根原基容易突破障碍层长出不定根。刻伤促进生根的作用，还在于更有利于插条水分的吸收和生长素的积累。

3. 环状剥皮 简称环剥。即在枝条上的某一部位，剥去宽 3～5 毫米，深达木质部的一圈皮层。环剥可以切断韧皮部同化养分的运输，使叶片制造的生长素和碳水化合物等，积累在伤口区及环剥口以上部位，并加强了呼吸作用，提高了过氧化酶的活性，从而促进细胞分裂和根原体形成，有利于促发不定根。环剥可用于压条繁殖或扦插繁殖。用于压条繁殖时，环剥一般在压条繁殖时进行，即先将压条环状剥皮，随即在环剥处包扎生根基质（空中压条）或将压条埋入土中（地面压条）。如在环剥的同时，对环剥处再进行药剂促根处理，效果会更好。扦插繁殖时，一般在剪取插条前15～20天，对选作插条的枝条进行环剥，待环剥伤口长出愈伤组织而未完全愈合时，剪下枝条进行扦插。如选作插条的枝条长而健壮，还可在枝条上按插条长度进行多处环剥，以增加插条的数量。对促进生根作用与环剥基本相同的，还有环缢和环割处理。环缢是用铁丝、尼龙绳等对枝条进行绞缢，所以也称为绞缢；环割亦称环切，是指用刀具对枝条进行一至数圈的环切，环切深达木质部只将皮层切断而不行剥皮。这两种方法的处理时间和操作要求，均可参照环状剥皮进行。

（二）黄化处理

是指将生长的枝条置于遮光环境中，使其叶绿素消失、组织黄化。枝条经黄化处理后，组织不会形成内皮层，可减少组织硬化程度。从枝条横剖面可观察到，皮层和髓部所占的比例增大，类似厚膜组织的机械组织极不发达，细胞壁也较薄。此外，枝条组织中淀粉含量增多，单宁含量减少。柿黄化部分乙醚提取物中吲哚乙酸活性增高，而抑制物质则有所减少。因此，有利于根原体的形成和不定根的生长。生根困难的柿树插条，经黄化处理后，生根率达60％，而未经处理的生根率仅30％，添加生长素处理生根率可提高到90％。

目前，黄化处理一般在新梢生长初期，即扦插前3周进行。处理时，在基部先包上湿润脱脂棉，再用黑布条或黑塑料薄膜条进行包扎。如处理枝条离地面较近，亦可将枝条压倒覆土黄化，在苹果矮化砧木扦插时常采用这种方法。

(三)加温处理

早春扦插时,常因插壤温度较低而导致生根困难。因此采用加温处理,人为地提高插条基端生根部位的温度,以促进根原基的形成和发育。加温处理主要目的是催根,当大部分根原基已突破皮层,少量新根长出 1 厘米左右时,便可移入苗圃地。主要加热方法有以下几种。

1. 电热温床加温 先在床底铺放厚度为 15 厘米左右的松针、草垫或稻草作为隔热层,其上放置一层塑料薄膜,在塑料薄膜上铺厚约 5 厘米的河砂或砂壤土后,铺设电热线并连接控温仪,在电热线上再铺 4～5 厘米的河砂,然后将插条竖立(正置)于插床上,插条间隙填充河砂,并使顶芽露出。电热温床可基本实现人工控温,插壤温度变幅小,很适合早春扦插和插条催根。

2. 酿热温床加温 温床设在背风向阳处,方向坐北朝南。利用马粪、棉籽屑、锯木屑、鸡粪等酿热物发酵产生的温度加温。温床地上部建造床框、窗盖,地下挖一近似龟背形填充酿热物的土坑,土坑长度依扦插需要而定。温床建好后,在坑内放入厚约 30 厘米(最薄处)的未经发酵腐熟的酿热物,酿热物以马粪为最好,也可以将马粪与棉籽屑、锯木屑等混合后使用。浇水使酿热物湿润、发酵、升温。数天后当温度由最高点开始逐步下降,并稳定在 30℃左右时,在酿热物上铺 5 厘米厚的河砂,然后将插条竖立(正置)排列于插床上,插条间隙填充河砂或锯木屑,并使插条顶芽露出(图 5-1)。

3. 阳畦加温 是指仅靠白天太阳光能提供热量,而不需人为补充热量的繁殖苗床。它由床框、窗盖和生根基质组成(图 5-2)。在我国北方,于露地扦插前 1 个月,利用阳畦催根。先在阳畦底部铺湿砂 15～20 厘米,然后将插条基端朝上、顶端朝下倒置于阳畦内,插条上面再覆盖湿砂,并盖上窗盖。利用早春气温上升快、土温

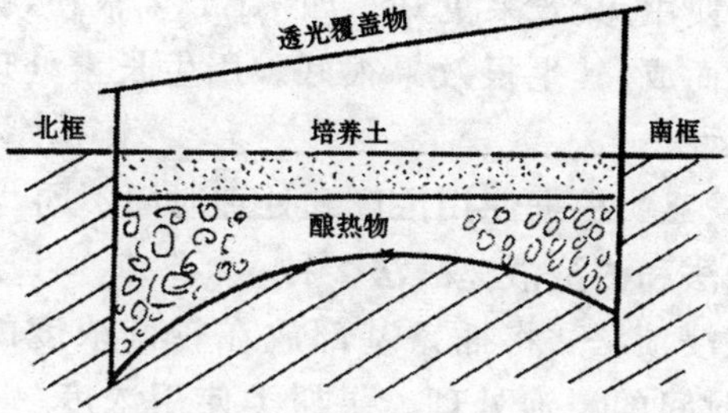

图 5-1 酿热温床 （《园艺植物繁殖学》,1996）

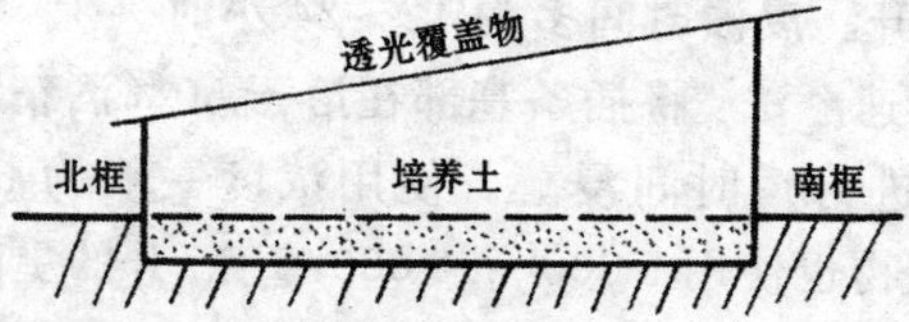

图 5-2 阳畦 （《园艺植物繁殖学》,1996）

较低的特点进行催根。也有些地方在插条上铺上锯木屑和马粪,催根效果良好。

在南方有些单位,在阳畦内铺放砻糠灰并将插条直插（正置）于砻糠灰中。由于砻糠灰吸热、保温性能好,催根效果也很好。塑料薄膜小拱棚建棚容易,增温效果与阳畦相近,目前有取代阳畦的趋势。

4. 火炕加温 在北方寒冷地区,常采用火炕加温催根。火炕上先铺 5～10 厘米的锯木屑或湿砂,插条基端在清水中浸泡 12 小时左右后,竖立（正置）摆放在火炕上,插条间隙填充锯木屑或湿砂,露出插条顶芽。为了保持湿度,要经常喷水。火炕温度比酿热温床容易控制,因此容易管理,催根效果也好。

(四)药剂处理

1. 生长素处理 生长素类药剂可以单独使用,但将几种生长素药剂混合后使用,其效果更好。如 ABT 生根粉,就是用几种生长调节剂混配而成,其生根效果很好。用生长素处理插条的方法主要有以下几种。

(1)液剂浸蘸 根据使用浓度和处理时间不同,液剂处理可分为稀溶液浸渍法和浓溶液速蘸法 2 种。

①稀溶液浸渍法:将插条基部放在较低浓度的生长素溶液中,进行较长时间的浸泡处理。果树类使用浓度一般为 20～200 毫克/升。硬枝插条一般为 50～200 毫克/升,嫩枝插条一般为 20～50 毫克/升。浸渍时间多为 12～24 小时。

②浓溶液速蘸法:将插条基部在溶于 50%酒精中的高浓度生长素溶液中,进行短时间浸蘸。使用浓度一般为 500～1 000 毫克/升,有些植物也使用 5 000～10 000 毫克/升的更高浓度。浸蘸时间很短,一般仅为 3～5 秒钟。这种处理方法,受周围环境因素的影响较小,不需要太多的盛药容器,处理时间短,比较方便。适于扦插数量或种类较多时使用。

采用液剂生长素处理插条时,要根据树种特性,包括插条木质化程度,选择适宜的处理方法、药剂种类和使用浓度。也要考虑经济有效和使用方便。在有效浓度范围内选择低浓度。在稀溶液浸渍处理和浓溶液速蘸处理,效果相同或相近,当扦插数量大、种类多,繁殖任务重时,最好选择浓溶液速蘸法处理。

(2)粉剂蘸粘 一般用滑石粉作稀释填充剂,配合量一般为 500～2 000 毫克/千克,对于生根困难的树种,配合量为 5 000～10 000 毫克/千克,混合 2～3 小时后即可使用。为使药剂与滑石粉混合均匀,最好先将药剂溶于少量的酒精中,并向酒精溶液中加入所需滑石粉量 2 倍的开水,再将溶液倒入滑石粉中,搅拌均匀,阴干后粉碎便可使用。使用时先将插条基部用清水浸湿,再插入粉末中,使插条基部切口全部黏附药剂粉末。扦插时为防止药剂粉末脱落,要用木棍或其他工具在插床上戳一小孔,再循小孔将插条插入。

(3)羊毛脂制剂涂布 用羊毛脂1克，加入100毫克的生长素，用热水溶解后，充分搅拌而成。扦插时将制剂涂布于插条基部表皮上，但不能涂抹切口，否则会因阻塞插条输导组织，而影响生根。这种方法在黄化处理和压条繁殖时可以采用。

2. 维生素处理 在根离体培养时，在培养基中加入少量维生素 B_1，对根的再生极为重要。对有些较难生根的插条，先用生长素处理，再用维生素 B_1 处理，可以获得较好的生根率。对容易生根的柠檬插条，除植物激素外，加入少量的维生素 B_1，也有显著促进生根的作用。维生素C对生根也有一定的影响。柠檬是柑橘类果树中容易生根的种类，这与柠檬树体中含有较高的维生素C有关。维生素使用浓度一般为1毫克/升，处理时间12小时左右。在生产上多与其他促根物质配合使用。

3. 其他药剂处理 除生长素、维生素对促进生根有良好的作用外，还有一些物质对促进生根也有一定的作用。比较常见的有以下几种。

(1)糖类处理 可以补充插条生根过程中的碳水化合物消耗，使插条保持较好的营养状况，因而有利于生根。糖液处理柠檬插条促根效果很好。糖液处理时，一般多用2%～10%的蔗糖水溶液，浸泡插条基部10～24小时。盛糖液的容器，要求洁净无菌。扦插时，也要将插条切口附着的糖液洗去。单独采用糖液处理的效果，不如生长素处理的效果好。因此，一般多与生长素混合使用。

(2)高锰酸钾处理 除可以活化细胞，增强插条基部呼吸作用，使插条内部的养分转化为可给状态外，还能消毒灭菌，抑制不良微生物的繁殖，促进不定根的形成和生长。一般使用浓度为0.1%～0.5%，浸泡插条基部12～24小时。

(3)硼和硝酸银处理 也有促根作用。用含有50毫克/升吲哚丁酸和10～200毫克/升硼的混合液，浸泡插条基部12小时，促根作用明显；硝酸银处理对生根阻碍物质含量很高，并造成生根困难的树种，有一定的效果。一般使用0.05%～0.1%浓度，处理插条12～24小时。如果对经硝酸银处理的插条，再进行生长素处理，其效果会更好。

另外，用杀菌剂处理，由于能防止真菌的侵染和刺激根的孕育或形成，也能提高插条的成活率和增进根的质量。在美国，常用25%克菌丹和4000毫克/升吲哚丁酸混合液，浸蘸插条基部。其处理效果比单用吲哚丁酸好。也可以用滑石粉作稀释填充剂，配成25%克菌丹杀菌粉。扦插前，将先经吲哚丁酸溶液浸泡过的插条基部，放在杀菌粉中蘸一下，再按粉剂蘸粘法的要求进行扦插。其处理效果也很好。

五、自根苗的繁殖方法

(一)扦插繁殖

果树扦插繁殖的方法，依取作插条的营养器官不同，可分为枝(茎)插、根插和叶插及叶芽插三大类。在果树自根苗繁殖中，以枝插最为常用。根插只限于某些树种，应用较少。叶插几乎没有应用到果树繁殖上，叶芽插也只有极少数果树可以应用。

1. 枝插繁殖 这种方法适用于枝上容易产生不定根的树种，如葡萄、无花果、石榴、柠檬等。枝插繁殖又依插条的成熟度(木质化程度)和扦插时期不同，分为硬枝扦插和嫩枝(绿枝或软枝)扦插2种。

(1)硬枝扦插 又称休眠枝插，即用充分成熟的1年生枝条进行扦插。落叶果树硬枝扦插时，通常结合冬季修剪，选取充分成熟的1年生枝作为繁殖材料。经过砂藏越冬，春季扦插前取出砂藏枝条，按长15～20厘米(带2～3个芽)，剪截成插条。插条的上端剪口在离芽1～2厘米处平剪，下端在节下呈马蹄形斜剪。这样便于识别插条的形态顶端和下端，避免发生倒插。扦插前，应对插条进行机械、加温或药剂处理以提高扦插成活率。扦插时期，以地表以下15～20厘米的土壤温度，稳定在10℃以上时进行最为适宜，华中地区一般在2月下旬至3月上旬进行。北方可以稍迟，南方可以稍早。也可以于秋季进行。秋插时插条覆土应厚一些，以防剪口芽被风吹干而不能萌发，翌年开春后除去过厚的覆土，以利于插条生长。扦插时整地做畦，畦宽1米左右，在畦上按株距12～15厘米、行距50～60厘米进行扦插。每667平方米可育苗8 000～10 000株。具体操作程序和技术要求，可参见第八章葡萄硬枝扦插部分。常绿果树扦插时，插条可根据扦插时间随采随插，其扦插方法和要求与落叶果树基本相同，可以参照落叶果树的扦插方法进行。

(2)嫩枝扦插　也称绿枝扦插或软枝扦插。是在果树生长期，利用尚未木质化或半木质化的新梢作插条进行扦插。葡萄、苹果、油橄榄、樱桃、柠檬、枳柚等果树均可采用此法繁殖。嫩枝扦插一年可进行多次，但以6～9月份扦插的成活率最高。例如，葡萄以5～6月份、无花果以9月份嫩枝扦插成活率最高。嫩枝插条一般积累营养物质较少，为有利于光合作用制造营养，在插条上部可保留一定量的叶片。例如，葡萄、无花果、猕猴桃等叶片较大的树种，一般要求剪去插条下部叶片，保留上部半片叶。柠檬、枳橙、油橄榄以及紫色西番莲等，可剪去插条下部叶片，保留上部2～3片叶。选作插条的新梢，以树冠外围或上部生长健壮者为好。插条多在早晨新梢含水量最多时采集，采后按具有3～5芽、长15～20厘米剪截成插条，经药剂催根处理后，立即扦插。嫩枝扦插一般比硬枝扦插容易生根，但嫩枝扦插对空气湿度和插壤湿度的要求，比硬枝扦插更加严格。因此，一般需要喷雾和遮荫条件。待插条生根后再逐步去除遮阳物。

2. 根插繁殖 是用根作插条的一种繁殖方法。有些植物的根，在离体条件下培养，能发新根但不发新梢，也有些植物的根则与此相反，能发新梢而不发新根，这些植物根插均不能成功。只有那些根上既容易抽梢，又容易生根的植物，才能用根插繁殖。一般情况下采集根插条比枝插条更加困难。因此，在生产上，根插主要用于枝插不易成活或生根缓慢，管理费工而根上又容易产生新根和不定芽的树种，如枣、柿、核桃、李、山楂、樱桃、猕猴桃等果树，以及杜梨、豆梨、榅桲 、湖北海棠、苹果营养系矮化砧等砧木树种。幼龄实生苗的根，扦插容易成活。在成年树上，根插效果最好的根处于根颈部分，因为这里既处于个体发育的年青阶段，又是不定芽（营养芽）的形成区。但是在根颈部位取根，往往对树体造成损伤。因此，生产上一般在苗木出圃时，或在果园冬前翻土时，采集0.3～1.5 厘米粗的残断根作为繁殖材料。经过砂藏越冬，翌年春季扦插前将根取出，在清水中浸泡 8 小时左右后，按长 10～12 厘米剪截成插条。为防止倒插，插条上端平剪，下端呈马蹄形斜剪。根插条可以直插或平插，但以直插更容易发芽。直插时上端与土面平，等新芽长出后，再适当培土。扦插后立即浇水，并经常保持插壤湿润。由于这种方法存在利用残根则不容易大量生产苗木，专门挖根又容易损伤树体的缺点，所以在生产上很少采用。

（二）压条繁殖

压条繁殖，是在枝条不脱离母体的状态下，将枝条埋入土中或其他盛有生根基质的容器中，保持生根基质湿润，使其生根后再与母体分离，而成为新的独立植株的一种繁殖方法。这种繁殖方法，由于压条生根前仍可以得到母体继续供应水分和养分，以及压条埋入土中的部位，在遮光环境中出现叶绿素消失、组织黄化。因此，成活可靠，容易管理。但这种繁殖方法也有繁殖率低和对母体损伤大的不足，所以这种方法，在生产上主要用于扦插生根困难的树种。

为保证压条生根和促进新根生长良好，在压条时也要对压条进行催根处理。压条促根常用药剂处理和机械处理。因为压条都在遮光条件下进行，其操作方法和作用与黄化处理基本相同，所以一般不再另行黄化处理。但对一些生根困难的树种，如果在压条生长初期，先进行一段时间的黄化处理，在压条时除去遮光物，再进行适当的药剂处理，对促进压条生根会更有效果。药剂处理在本章“促进生根的方法”中已作阐述，压条时可以参照运用。机械处理时，除剥皮、纵伤、环剥等方法可以应用外，还有像将压条下边切开或折断等机械伤枝处理，对促进压条生根也有作用。果树压条的方法，有地面压条和空中压条2类。

1. 地面压条　也称为低压法。常用的方法有以下几种（图5-3）。

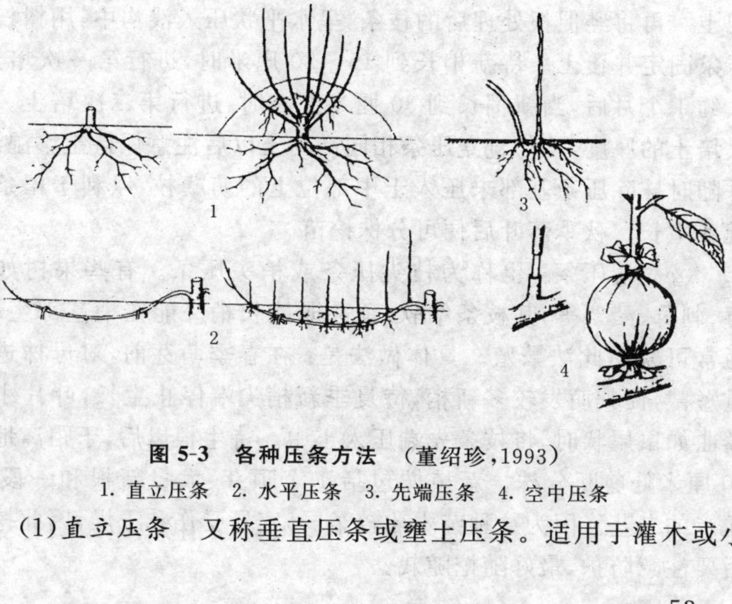

图5-3　各种压条方法　（董绍珍，1993）

1. 直立压条　2. 水平压条　3. 先端压条　4. 空中压条

（1）直立压条　又称垂直压条或壅土压条。适用于灌木或小乔木类果树。例如，樱桃、石榴、无花果以及苹果和梨的矮化砧木等。这一方法的操作程序为：春季在母株萌芽前，从离地面 2～5 厘米处短截，促发萌蘖。在新梢长到 15～20 厘米时，先进行促根处理和浇水，再进行第一次培土，培土厚度约 10 厘米。1 个月后，新梢高达 35～40 厘米时，进行第二次培土，培土厚约 30 厘米。培土后注意保持土壤湿润。入冬前或翌年春季可分株起苗。具体操作及技术要求，可参见第八章苹果矮化自根砧繁殖。

(2)曲枝压条　这种方法适于多种果树。一般多在春季萌芽前进行，也可在生长季节，枝条已半木质化时进行。由于曲枝方式不同，又分为水平压条、先端压条和波状压条。

①水平压条：也称为普通压条或单枝压条。葡萄、石榴、无花果、猕猴桃以及苹果和梨的营养系矮化砧木等，均可采用此法繁殖。这种方法通常的做法是：压条前在母株上选取离地面最近、生长健壮的 1～2 年枝，并在树旁挖一深约 5 厘米的浅沟，沟内放些肥土。再将经促根处理后的枝条，呈水平状压入浅沟中，用树杈将压条固定并覆土。待新梢长到 15～20 厘米时，进行第一次培土。大约 1 个月后，当新梢长到 30 厘米左右时，进行第二次培土。二次培土的厚度，均与直立压条相同。培土以后注意保持土壤湿润，并随时抹除压条基部未压入土中部位上的萌蘖枝，以利于压条苗健壮生长。秋季落叶后便可分株挖苗。

②先端压条：也称为枝尖压条或梢头压条。有些果树如黑莓、刺莓、醋栗等，其枝条细软，顶芽既能长梢又能在梢基部生根，通常可采用此法繁殖。具体做法是：在春季萌芽前，对母株进行重短截，促其萌发较多新梢，待夏季新梢尖端停止生长，叶片小而卷曲如鼠尾状时，将枝条先端压入土中。待生根以后，于距离地面 10 厘米处剪断分株。新植株包括 1 个顶芽、大量新根和一段 10 厘米的老茎。因为这种苗木比较柔弱，容易受伤和干燥，因此挖苗后要注意防护，最好随挖随栽。

③波状压条：也称为重复压条。这种方法通常用于蔓性果树。可于春季或枝条生长期进行。春季以1年生枝作压条，生长期以半木质化枝条作为压条，多于6月下旬以后进行。压条时，将近地面的枝条弯曲成波状形，把连续弯曲而着地的部分压入土中，使压入土中的部分生根，拱出地面的部分萌发新梢。待生根以后或入冬前，将压条挖出分切成段，这样一根压条可形成多株压条苗。其他操作方法，与水平压条基本相同。用这种方法繁殖出的苗木往往长势较弱也不整齐。

2. 空中压条　又称中国压条或高枝压条。是我国繁殖果树及花木的一种最古老的方法。凡木质坚硬枝条不易弯曲，或树体高大枝条无法压到地面上的树种，如荔枝、龙眼、石榴、枇杷、油梨以及某些柑橘类的果树，均可采用此法繁殖。空中压条具有成活率高、技术容易掌握等优点，但也存在繁殖系数低、对母体损伤大的缺点。

空中压条在整个生长期都可进行，但以春季和雨季进行为好。高压时，在健壮母株上选取充实的2～3年生枝条作为压条。在选择压条时必须注意，在压条生根锯离母株后，不会影响母株树冠的完整性。然后在插条基部进行环剥(2～3厘米)及药剂促根处理。再在环剥处包上苔藓或锯木屑、泥炭等保湿生根材料，并用黑色塑料薄膜或竹筒、花钵等进行包裹(图5-3)。压条生根后剪离母体，并连同生根材料假植1年，待根系发育强大后，再行定植。具体操作要求参见第八章柑橘压条繁殖部分。

(三)分株繁殖

分株繁殖，是将植株的某些特殊营养器官切离母体，培育成独立新植株的一种繁殖方法。在大多情况下，分株繁殖是有根小苗与母株分离，所以成活率高，但繁殖系数低。在果树生产上，枣、香蕉、菠萝等常用此法繁殖苗木。大多数果树不用这种方法繁育苗木。分株繁殖依所用营养器官不同，主要有以下几种方法。

1. 根蘖分株法 适用于根上容易大量发生不定芽，而长成根蘖苗的树种，如枣、山楂、樱桃、李、石榴、杜梨、山定子以及榛子、树莓等。生产上，多利用自然发生的根蘖苗进行分株繁殖。但自然发生的根蘖苗一般数量不多，为了促使多发根蘖，可进行一些人工断根或伤根处理。例如，河南、山东等地，于枣树休眠期或春季萌芽前，在树冠投影边缘，挖深30～60厘米的环形或条形沟，将母株树冠外围粗度1～2厘米的骨干根切断或创伤，然后施入肥料，并填土平沟。生长期加强肥水管理，使根蘖苗健壮生长。一般培养到秋季或翌年春季，便可挖出分离栽植。有些梨的砧木，也容易萌生蘖苗。在风沙多、气候干旱、土质较差的果园，也常应用这一方法培育梨砧木苗。为保护母株，在同一母株上，1年不能取苗过多。

2. 吸芽分株法 吸芽是植物地下茎节上或地上茎叶腋间发生一种芽状体。吸芽的下部可自然生根，故可以与母体分离而成为新的植株。菠萝、香蕉等果树可以用此法繁殖。菠萝用作种苗的吸芽，要求充分成熟，叶身挺而开张，长24～36厘米，剥去基部叶片出现褐色小根点时即可摘出栽植。菠萝的吸芽，着生于母株地上茎的叶腋间，一般在母株抽蕾后才生出，每株可产1～3枚，也有多至10枚的。摘取吸芽要适时，广东地区多在采果前后摘取，摘取太迟则对母株影响较大。香蕉在生长期，能从母株地下茎(球茎)上抽生吸芽，当吸芽长到40～60厘米时，用人工方法与母株分离取出后，便可作苗木栽植。在广东、广西等地，蕉株上的吸芽周年都能发生，因此可以周年分株定植。但在生产上，以春季和秋季两个时期最为适宜。香蕉分株繁殖参见第八章。

植物分株繁殖的方法，还有匍匐茎分株法和根状茎分株法，其主要用于草莓子苗的繁殖，在木本果树苗木繁殖多不采用。

思考题

1. 何谓自根苗，有哪些特点，怎样利用？

2. 植物的再生能力对自根繁殖有何作用和意义？

3. 什么叫不定根、不定芽，它们是怎样形成的？

4. 何谓极性现象，它对自根苗繁殖有何意义？

5. 简述影响扦插和压条成活的内部因素有哪些？

6. 温度、湿度对扦插生根有何影响？在育苗中怎样调控温度、湿度？

7. 用作扦插基质的材料主要有哪几种？举例说明如何选择使用。

8. 机械和加温处理为什么能促进插条生根？怎样进行机械和加温处理？

9. 促进生根的生长素药剂有哪几种？怎样选择和使用？

10. 简述扦插和压条繁殖的主要方法和操作要求。

11. 举例说明有哪些果树可以采用根插繁殖。

12. 什么叫分株繁殖？有何特点？主要方法有哪几种？

第六章　果树嫁接苗的繁殖

一、嫁接苗的特点和利用

(一)嫁接苗的特点

1. 保持接穗品种的特性　嫁接植株由接穗和砧木两部分组成。具有同化能力的地上部分，由与母体具有同样遗传特性的接芽发育而成，承受接穗的砧木没有同化能力，只有吸收水分、无机营养和贮藏营养物质的功能，所以嫁接植株能保持接穗品种的特性。无论不同品种嫁接到同一种砧木上，还是同一品种嫁接到不同种类的砧木上，嫁接植株均表现出接穗品种母体的特性。

2. 增强接穗品种的抗逆性　砧木对接穗品种的抗逆性，具有明显的影响。在不同的环境条件下，通过选用抗寒、抗旱、耐瘠、耐涝、耐盐碱和抗病虫害能力强的树种作砧木，能显著增强嫁接植株的风土适应性和抗病虫害的能力。在生产上常利用嫁接苗的这一特点，通过选择优良的砧、穗组合，达到扩大栽植区域的目的。例如，枳壳嫁接柑橘能抗寒、抗旱、抗裙腐病。枳橙嫁接脐橙能抗寒、抗病毒病。枸头橙嫁接温州蜜柑耐盐碱，在海涂种植生长结果良好。山定子嫁接苹果抗寒、耐瘠薄。湖北海棠嫁接苹果能抗旱、耐涝、耐瘠薄。圆叶海棠嫁接苹果抗绵蚜。杜梨嫁接梨耐涝，耐盐碱；豆梨嫁接梨则抗旱、耐涝能力强。毛桃嫁接桃耐涝能力强，适宜于在温暖潮湿地区栽植，而山桃砧则抗寒、抗旱、耐盐碱性较强，适宜于我国北方栽种。

3. 提早结果增加产量和改良品质　由于接穗取自成年结果

树，从发育阶段上看，都处于生理成熟阶段。加之，嫁接苗的接合部虽然已经愈合，但接合部的输导组织一般不如原输导组织通顺，这就使接口上部容易积累较多的养分，从而有利于提早结果，增加产量和改良品质。实生板栗 10～15 年才能结果，平均株产 1～1.5千克，而用 6 年生实生板栗作砧木嫁接的良种板栗，翌年就能开花结果，嫁接后 4 年株产可达 5 千克以上。

4. 调节树势　根据嫁接后对植株高度和树冠大小的影响，果树的砧木一般可分为乔化砧、半矮化砧和矮化砧 3 类。乔化砧果树，树体高大生长势强，适用于稀植大冠栽植。多数实生砧木，如山定子、豆梨、毛桃、红橘等均属于乔化砧木。半矮化砧果树，生长势较弱，树高为乔化砧果树的 2/3 左右。苹果砧木 M7、M2，小叶型湖北海棠兴山 16 号，柑橘砧木香橙、土柑以及大花类型的枳壳等，均属于半矮化砧木。矮化砧果树，生长势弱，树高为乔化砧果树的 1/2 左右。柑橘的矮化砧有小花类型枳壳、宜昌橙、兴山酸橙、江津酸柚等。枳砧嫁接温州蜜柑，树高仅为酸橘砧的 58.7%，枳壳嫁接椪柑矮化 21%，嫁接华盛顿脐橙矮化 54%，宜昌橙嫁接锦橙，20 年生树高仅 1.86 米。桃的矮化砧有毛樱桃、寿星桃等。桃嫁接在毛樱桃上，1 年可形成花芽，30 年生树高仅 50 厘米。生产上，通过选用不同类型的砧木，可以调节树体大小和生长势强弱，以满足大冠稀植、矮化密植或其他栽培目的的需要。例如，在美国为防治柑橘病毒病，曾采用抗病毒病力强的枳壳作砧木嫁接脐橙，但枳砧脐橙过于矮化，生长势弱，导致严重落花落果产量降低。现改用枳橙或枳柚作砧木，枳橙或枳柚砧脐橙既抗病毒病，树势也强健，从而减少了落花落果，提高了脐橙产量。

（二）嫁接苗的利用

1. 繁殖果树苗木　利用接穗品种的稳定优良性状，可以保持其固有的生物学特性和果实经济性状。对于扦插、压条、分株等方法不容易成活的树种、品种和一些无核、少核品种或树种，通过嫁接可以繁殖大量苗木。因此嫁接繁殖，是大量生产果树苗木最主要的繁殖方法。

2. 扩大栽培范围和栽培方式 利用砧木的抗寒、抗旱、耐瘠、耐涝、耐盐碱和抗病虫害能力强的特性，通过选择适宜的砧、穗组合，可以显著地增强嫁接植株的风土适应性和抗逆性，这有利于扩大果树的栽培范围，如北果南移、南果北移、果树上山下滩等。还可以利用砧木的乔化或矮化特性，调节树体大小和生长势强弱，有利于选用适当的栽植密度和栽植方式。特别是利用矮化砧木，进行矮化密植栽培，能有效地降低树高和控制树冠，充分利用空间和地力，增加单位面积栽植株数和果品产量。这是一种既方便管理，又提高经济效益的现代化栽植方式。

3. 高接换种 利用嫁接的方法进行高接换种，是实现果树良种化、区域化、更新树势、提高产量和品质的捷径。对原有非良种果园，性状不良的实生果树或劣种混杂果园，可用纯系良种接穗，对现有的结果大树进行高接换种，以优换劣，调整果园品种结构。对于有些因规划不当导致授粉树配置数量不足或配置方式不合理的果园，也可以采用高接换种的办法重新进行授粉树的合理配置。对于野生果树资源丰富的地区，还可以通过对野生果树进行高接换种，变野生果树为良种果树。对野生果树经多头高接换种后，一般成形快，稍加管理就能得到相当的产量。高接换种还能提高优良品种的繁殖系数，可以在较短的时间内，获得更多的优良品种繁殖材料，从而加快了一些优良品种的繁殖速度。

4. 育种工作 在果树育种工作中，可以利用嫁接方法，保存芽变或枝变等营养变异；促进杂交幼苗提早结果；早期鉴定育种材料的价值等。

5. 挽救伤病果树 果树的主要枝干、根颈部或根系受到病虫或人畜危害时，会导致营养物质或水分的输导受阻，造成树体生长衰弱，甚至枯死。利用桥接或靠接方法，可以使受伤部位恢复输导功能，挽救伤病果树。对于主要枝干受损的部位可采用桥接法，通过桥接枝沟通受伤部位上下部养分的运输。对于根系受损，或因亲和力不强导致地上部生长衰弱，不能正常结果的果树，可以采用靠接的方法，即在果树旁边，另栽 1～3 株砧木，把砧木的上端与果树靠接在一起，以恢复树势，增强结果能力。

二、嫁接繁殖的生物学原理

(一)嫁接的愈合过程

砧木和接穗两个有机体机械地结合在一起，必须经过双方细胞组织的一系列愈合过程，才能成活。

1. 芽接的愈合过程　根据和严然对不带木质部的芽接愈合过程的解剖学观察，嫁接的愈合过程大体分为以下几个阶段。

(1)隔离层形成阶段　砧木和接穗被切削后，两者伤口面上的破碎细胞一接触空气，其残壁和内含物即被氧化，原生质也遭破坏并产生凝聚现象，在伤口部分的表面形成一层褐色的隔膜，即隔离层。

隔离层有防止水分蒸发和暂时保护伤口不受有害物质侵入的作用。但隔离层如果太宽、太厚，就会影响愈合，降低嫁接成活率。因此，在嫁接时切削面一定要平滑并且要求绑紧，使砧、穗两者的切面尽量密接。有些果树如柿子、核桃等，其细胞内含有大量的单宁物质，极易被氧化形成较厚的隔离层。因此，嫁接这些树种时应避开树液流动的旺盛期，选择树液流动缓慢期进行，或进行人工伤流，使隔离层不致形成太厚。

(2)愈伤组织的形成和分化阶段　隔离层形成之后，在其下面的受伤细胞，受削伤的刺激，产生一种创伤激素，刺激周围未受伤永久组织细胞进行分裂。嫁接后约 48 小时,砧木接穗双方形成层开始细胞分裂,在创伤激素的作用下,伤口周围的细胞开始生长和分裂,形成愈伤组织,被覆在伤面上。愈伤组织除来自形成层和伤口周围细胞团外,砧木的髓射线、未成熟的木质部细胞,接穗的韧皮部、髓射线等均可产生愈伤组织。砧木和接穗切面的愈伤组织几乎同时产生,但二者的增长速度不同,砧木形成和产生愈伤组织快而多,接穗则慢而少。芽接的愈伤组织在嫁接后 7 天左右,逐渐充满砧、穗接合部的空隙。这时砧木和接穗的愈伤组织完全合拢,相互连结起来。有人把这种合拢称为形成"愈伤组织桥"。这个合拢过程,对提高嫁接成活率有很大的影响。因为愈伤组织中的薄壁细胞具有运输水分的功能,嫁接成活之前接穗对水分的需要,主要由这个愈伤组织桥来输送。因此,一般认为砧木和接穗的愈伤组织形成和产生的越快越多,嫁接的成活率也就越高。愈伤组织在合拢的同时并继续分化,其中有些细胞开始形成管胞分子和管胞束。在外面和空气接触的愈伤组织细胞,开始木栓化,形成保护层。

(3)形成层环的连接阶段　愈伤组织桥形成之后,愈伤组织很快填满了接口处的所有空隙。一般在嫁接后 7 天左右,砧木产生的愈伤组织中出现圆形或椭圆形的"分生组织活动中心",它是由排列较紧、薄壁大核、原生质较稀薄,且比一般愈伤组织细胞较小的细胞组成。活动中心周围有一圈形成层状细胞围绕,此时老形成层又产生两层细胞原的木质部。接穗形成层也在适当部位产生木质部分子,在夹角中间的愈伤细胞也开始纵向分裂,并沿切向伸长,形成愈伤形成层,即连络形成层。这样砧木和接穗的老形成层通过连络形成层连结起来,延伸出形状弯弯曲曲的形成层环。形成层环形成之后,接穗的代谢活动加强并开始生长。形成层环一般在嫁接后 10 天左右形成。其形成的快慢也与嫁接技术有关。砧、穗切削面平滑,捆绑紧密,切面密接,形成层环形成的就快,反之则较慢。

(4)输导组织的接通阶段　砧、穗双方新的形成层环连接后，接穗开始生长活动，双方愈伤组织的薄壁细胞逐渐靠近并相互穿插结合。这时新的形成层逐渐分化，向内形成新的木质部，向外形成新的韧皮部。在以后继续分化生长过程中，将砧、穗双方木质部的导管和韧皮部的筛管沟通起来，完成输导组织的连通过程。愈伤组织外部的细胞分化成新的栓皮细胞与砧、穗双方的栓皮细胞相连。这样在嫁接3～4周后，嫁接愈合过程可初步完成。此后，砧木从土壤中吸收水分和营养物质，从木质部导管上升，通过接合部输送到接穗，而接穗接受砧木输送的矿质营养和水分并通过光合作用转化为有机物，一方面满足自身需要，另一方面从韧皮部筛管向下输送，通过接合部到达砧木，供根系生长发育，成为连成一体的一株完整植株。

2. 枝接的愈合过程　枝接的愈合过程和芽接的愈合过程大体相同。以劈接为例，其接合部的愈合过程通常也分为以下几个阶段。

(1)隔离层形成　在嫁接操作中，砧木和接穗的削面受损伤细胞，变褐死亡，这些细胞的内容物和细胞壁的残余，形成褐色隔离层，封闭和保护伤口。

(2)开始形成愈伤组织　嫁接后1周左右，韧皮射线、韧皮细胞、未成熟的木质部射线细胞、形成层、周皮和韧皮部间薄壁细胞，开始产生愈伤细胞和组织。

(3)砧、穗愈伤组织连结　嫁接后2周左右，由砧木外皮层与接穗内皮层、接穗木质部外层与砧木皮部内层形成的愈伤组织靠近并连结。

(4)形成层分化与连结　嫁接后2～3周，愈伤组织内一部分薄壁细胞分化成新形成层细胞，它们与砧、穗原形成层分化出的新形成层细胞连结，并形成弯曲的新的形成层。

(5)输导组织的分化与连结　嫁接后5～6周，新的形成层逐渐分化,向内产生木质部并形成导管,向外产生韧皮部并形成筛管。最后,新分化的输导组织连结贯通。

(二)影响嫁接成活的因素

影响嫁接成活的因素,主要包括砧木和接穗的嫁接亲和力、砧木和接穗的质量、嫁接技术以及嫁接时的外部条件等。

1. 砧木和接穗的亲和力 嫁接亲和力,是指嫁接后砧木和接穗不但能愈合,而且能正常生长和发育的能力。嫁接亲和力强弱的表现形式,繁杂而多样,通常将它分为 3 种情况:①亲和良好:接口愈合良好,砧、穗生长(粗细)一致,生长发育正常;②后期不亲和:接口能正常愈合,苗木初期生长正常,但以后逐渐出现生长衰退现象,砧、穗生长不一致,并提前开花结果,生长迅速下降,以至死亡;③不亲和:嫁接后接穗很快或逐渐干枯死亡。砧木和接穗的嫁接亲和力,是嫁接成活的关键因子和基本条件。因此,凡是影响嫁接亲和力的因素,也是影响嫁接成活率的因素。嫁接亲和力的强弱和有无,是植物在系统发育过程中形成的特性,主要与砧木和接穗双方的亲缘关系有关,也受砧木和接穗双方的生理生化特性、组织结构和病毒的影响。

通常亲缘关系与亲和力呈正相关。砧木和接穗的亲缘关系愈近,其嫁接亲和力就愈强,嫁接成活率也就愈高。反之则弱,甚至不能嫁接成活。因此,同种、同品种间的亲和力最强,嫁接成活率最高。同属异种间次之,但多数果树嫁接亲和力都很好。同科异属间的嫁接亲和力则较弱,但也可以嫁接成活,并在生产上应用的嫁接组合。至于科间嫁接,一般均难于成活,目前果树生产上尚无应用的实例。

砧、穗的生理特性和生化反应,也是影响嫁接亲和力的重要因素。这涉及砧、穗之间对营养物质的吸收、制造、代谢以及酶的活性上的差异。这些差异主要反映在砧木和接穗任何一方不能产生对方生活和愈合所需要的生理生化物质，甚至产生抑制或毒害对方的某些物质，从而阻止或中断生理活动的正常进行。砧、穗之间的吸收代谢功能和细胞渗透压不同，也能影响嫁接亲和力。如果砧木吸收无机盐数量超过接穗所能忍受的程度时，就会导致接穗死亡。如中国板栗嫁接在日本板栗上，由于后者吸收的无机盐较多，从而产生不亲和。当砧木的细胞渗透压高于接穗时，不会导致生理障碍，反之则可引起生理障碍。另外，砧、穗之间开始生长的早晚，也对亲和力有影响，如果砧木开始生长晚于接穗，就会使接穗因生长消耗大量水分和养分，而又不能及时得到水分和养分的供应，以至使接穗耗尽自身所贮藏的水分和养分后枯死，在桃、李、杏等果树的嫁接中，有些会出现这样的情况。

组织结构对嫁接亲和力的影响，主要在于砧、穗双方的形成层、薄壁细胞以及输导组织结构的相似程度。凡双方结构越相似或相近，相互适应能力越强，越能促进双方组织间连结，亲和力也越高。反之，亲和力和成活率低，或成活后生长发育不良。

影响嫁接亲和力的植物病害，最重要的是病毒病。嫁接组合中接穗或砧木内存在的潜在病毒，嫁接后可以使敏感的砧木或接穗表现出症状，甚至死亡。在嫁接时采用抗病砧木，可克服由病毒引起的嫁接不亲和现象。例如，日本的温州蜜柑品种几乎都携带病毒，但用我国原产的抗病毒砧木枳壳嫁接时，均不出现病毒病症状，嫁接亲和良好，生长结果正常。携带病毒的甜橙品种，嫁接在抗病毒砧木枳壳、枳橙或枳柚上也不出现病毒症状。

2. 砧木、接穗的质量和嫁接技术　砧木和接穗的质量，主要包括植物体内贮藏的营养物质和水分，是嫁接愈伤组织的形成，乃至嫁接成活后，苗木健壮生长的内因。接穗的质量对嫁接成活影响更大，不同树种嫁接成活，对接穗含水量的要求有所差异，但多数果树均表现为接穗失水越多，愈伤组织形成量越少，嫁接成活率也越低。生产上常以接穗的粗度和新鲜程度，作为接穗质量状态的标志，新鲜的或贮藏良好的粗壮充实的发育枝，贮藏的水分和营养物质充足，嫁接后成活率高。例如，核桃嫁接时，接穗粗度在1.7～1.8厘米时，成活率可达82.5%，而粗度小于1厘米时，嫁接成活率仅为30.7%；苹果接穗失水率超过19.89%和核桃接穗失水率10.25%时，愈伤能力显著降低，不能用于嫁接。

正确和熟练的嫁接方法和技术，是嫁接成活的重要条件和基本保证。砧木和接穗削面平滑，形成层密接，操作迅速准确，接合部包扎严密，既有利于愈伤组织的形成和连结，又避免削面风干或氧化变色。因此，嫁接成活率高。反之，削面粗糙、凹凸不平，形成层错位，接口贴合不良、缝隙较大，包扎不够严密等，均可降低嫁接成活率，甚至导致嫁接失败。

3. 温度、湿度、光照、空气状况等 温度、湿度、光照和空气等因子，与嫁接成活率也有密切的关系，特别是温度与湿度能明显地影响嫁接成活率。植物的分生组织和愈伤组织只有在一定的温度条件下，才能活动和形成，温度过高或过低都会影响分生组织的活动和愈伤组织的形成。根据不同果树愈伤组织形成的温度要求，选择适宜的嫁接时期，是保证嫁接成功的重要条件和基本要求。

湿度，包括土壤水分和接口湿度2个方面。土壤水分含量与砧木生长势和形成层分生细胞活跃状态有关。当砧木容易离皮和接穗水分含量充足时，双方形成层分生能力强，有利于愈伤组织的形成、连接以及组织分化，输导组织也容易连通。当土壤干旱缺水，砧木生活力下降，形成层活动滞缓，因而影响嫁接成活率。但土壤水分过多，也会导致根系缺氧，砧木生活力降低，而影响分生组织的愈伤能力，从而降低嫁接成活率。接口湿度，对保证嫁接成活十分重要。一是因为接穗只有在一定的湿度条件下，才能保持其良好的生活力；二是愈伤组织的形成、分化均需要适宜的湿度条件。在嫁接时应采用适当措施，如蜡封接穗、塑料薄膜严密包扎接口等，使接口尽量保持高湿度。这对提高嫁接成活率，是十分重要和必需的。

光照和空气状况，对嫁接成活率也有一定的影响。光对愈伤组织的形成有明显的抑制作用。在黑暗条件下，嫁接削面产生愈伤组织快而多，呈乳白色、柔嫩，砧木和接穗很容易愈合。而在有光条件下，愈伤组织少而硬，呈浅绿色，不容易愈合。因为细胞的分裂和生长往往伴随着较强的呼吸作用，所以愈伤组织的产生需要一定浓度的氧气。一般空气中的氧气在12%以下或20%以上时，不利于嫁接愈合过程的进行。愈合虽然可以在二氧化碳浓度较大时进行，但在二氧化碳浓度大而氧气又供应不足时，也能妨碍愈合作用的进行。不同植物对氧气的要求有所不同。对氧气含量要求较高的植物，在嫁接时不宜采用蜡封接口，否则会影响愈合，降低嫁接成活率。

4. 伤流、树胶和单宁物质的影响　核桃、猕猴桃、葡萄等果树，在接口处容易伤流；桃、李、杏等果树在接芽处伤口容易流胶。在春季，特别是在雨季嫁接这些果树时，在接口处往往出现很多的伤流液或树胶，影响接口处细胞的呼吸，甚至使接口处的细胞窒息，使愈伤组织难以形成，从而降低了嫁接成活率。还有一些果树，如核桃、板栗、柿等，由于其枝条内含有较多的单宁物质，嫁接时受伤细胞内的单宁被氧化缩合成不溶性的单宁复合物，从而在削面上，形成由数层细胞组成的太厚的隔离层，阻碍砧木和接穗双方水分和营养物质的交流和愈合，导致嫁接失败。

5. 嫁接的极性　愈伤组织具有明显的极性，最初形成的愈伤组织，出现在砧木或接穗的形态学基端部分，这种特性称为“垂直极性”。嫁接时，将接穗的形态学基端部分插入砧木的形态学顶端部分，称为“异极嫁接”。如将接穗倒置，将其形态学顶端部分插入砧木的形态学顶端部分，则称为“同极嫁接”。“异极嫁接”有利于接口愈合和嫁接成活，“同极嫁接”影响接口愈合过程中维管束的正常连结，使接口不能正常愈合或愈合后接穗不能正常生长。

三、砧木与接穗的选择

(一)砧木的选择和利用

1. 砧木的作用和利用形式 砧木是嫁接时用以承受、支撑和固着接穗的植物体。不同砧木的吸水能力,对土壤营养物质的选择吸收能力不同,其营养物质的分配、贮存、酶系统活性和作用方向,蛋白质、碳水化合物代谢以及生长素等活性物质合成也不相同。砧木的这些生理作用差异都将直接或间接的影响嫁接果树的生长发育、适应性和抗逆性。果树生产中,常采用与接穗同属一个种的植物作砧木,这种嫁接组合称为本砧嫁接或共砧嫁接。实生本砧嫁接亲和力强,成活率高。但因本砧多为栽培品种的实生苗,变异率高,抗逆性也较差,容易与接穗品种患同样的病虫害。随着科学技术的发展和果树现代化生产的需要,一些野生或半野生果树种类,正在代替本砧而成为主要的砧木类型。这些砧木类型,多与接穗品种近缘为同属异种。也有些与接穗品种亲缘关系较远,为同科异属。选择利用与接穗品种嫁接亲和力好的野生或半野生种为砧木,可以提高嫁接植株的适应性和抗逆性。

当前果树砧木的类型和利用方式主要以下几种:依砧木对树体生长的影响可分为乔化砧木和矮化砧木。一些具有特殊抗性的砧木,也应以抗性砧木(或高抗性砧木)归属于此类。乔化砧木是指嫁接后树体生长快而高大的砧木,是我国过去广泛采用的果树砧木。其根系发达,固地性好,生长健壮,而且多数乔化砧木种源丰富、容易繁殖,生产成本较低。但用乔化砧嫁接的果树树体高大,不便管理,进入结果期较晚,所以果树栽植的前期产量低,经济效益较差。矮化砧木是指嫁接以后,能使树体矮小,生长缓慢,并且提前开花结果的砧木。利用矮化砧木有利于果树生产向集约化经营方向发展。抗性类砧木是指具有抵抗寒冷、干旱、水涝、盐碱等不良环境条件和病虫害危害能力的一些砧木。利用抗性砧木，可显著地提高和增强果树的适应性和抗逆性，有利于扩大果树的栽植范围和区域，并能减少管理用工，降低生产成本和增加经济效益。

依砧木的繁殖方法和利用方式，可将砧木分为实生砧、自根砧、中间砧和基砧。用播种方法培育的砧木，称为实生砧。实生砧木的主根比较发达，对土壤的适应性较强，所以是多种果树培育嫁接苗的主要砧木。但多数实生砧木遗传变异性较大，性状一致性较差。目前生产上应用的实生砧多数为乔化砧，也有一些矮化砧以及一些抗性砧木。自根砧也称为营养系砧木，是指利用植物的部分营养器官或组织，经过人工培养生根并能繁殖具有自身根系的砧木。现在除用扦插、压条、分株等方法培育的苗木，称为自根苗外。在人工控制条件下采用培养基，使外植茎尖、茎段或叶片等生根，并成为独立完整植株的离体组织培养的砧木，也称为自根砧。营养系砧木苗遗传稳定，性状整齐，但缺乏主根，根系分布较浅、易破碎，固地性差，对肥水条件要求也较苛刻。因此，在风害频繁、土壤瘠薄、水源不足的地区或果园不宜采用自根砧。中间砧是指在二重嫁接(也称为双重嫁接)时，位于目的接穗品种和基砧之间的一段砧木。利用中间砧可以克服某些矮化砧木繁殖困难、繁殖系数低和根系发育不良、固地性及适应性差的缺点。利用具有矮化特性的枝段作为中间砧，将基砧根系发达、固地性好、适应性强、繁殖容易等优点以及矮化砧对接穗的矮化效果，共同作用于接穗品种，从而达到矮化树冠，提早结果，增强树体固地性和适应性的目的。利用中间砧也可以提高嫁接亲和力。为了增强树体的抗逆性也可以采用中间砧技术。利用中间砧繁殖的果苗称为中间砧果苗。这种果苗采用二重嫁接培育而成，其树体由目的接穗品种、中间砧、基砧 3 项组成。采用中间砧还可进行多重嫁接，即在中间砧果苗的中间砧上再加接一段有某种特性的中间砧，这种加接的中间砧也称为干砧。用多重嫁接培育的果苗，由目的接穗品种、干砧、中间砧、基砧4项组成，集矮化性、抗逆性、适应性、固地性于一体，具有更广泛的优良特性。但用这种方式育苗成本较高，目前我国应用很少。中间砧的作用效果与其长度成正相关。作矮化中间砧时，长度一般为25厘米左右，用作抗性砧的长度要更长一些，作亲和砧时，1～2芽即可达到要求。基砧也称为根砧，是指在二重或多重嫁接时，承受中间砧的基部带有根系的砧木。基砧是在二重或多重嫁接出现后，为了与中间砧区别，而将位于苗木基部的带根砧木称为基砧。一次嫁接培育的苗木，带根部分就称为砧木，这种果苗由目的接穗品种、砧木2项组成。基砧要求具有良好的适应性、抗逆性和固地性。因此，在生产上多采用实生砧木作为基砧。有些自根砧亦可用作基砧，但生根能力差的自根砧木不能用作基砧。

2. 砧木的选择条件和主要种类 在果树嫁接苗木繁殖中，必须遵循果树区域化和良种化的原则，根据果树栽植区的生态环境条件和果树生产状况，选择适宜的优良果树砧木。砧木区域化的基本原则是：因地制宜，就地取材，育种和引种相结合，经过长期试验比较确定当地适宜的砧木种类。从当地原产树种中选择适宜砧木种类，因其风土适应性强，通常均能表现良好。如当地资源缺乏，则可就近从类似生态区引入，引种地和当地生态条件差异程度越小，引种成功的可能性就越大。对从外地引入的砧木种苗，应按中国农业部关于《果树种子苗木管理暂行办法》的要求，经相关果树品种审定委员会的审定认可，并报相关农业行政部门批准；从国外引进砧木种苗必须经农业部或省(区)农业厅审批同意，同时必须到中国农业科学院作物品种资源研究所办理登记手续，并按国家植物检疫有关法规实施检疫和隔离试种。从外地引入的砧木，还应该进行栽植和嫁接试验，观察其对当地土壤、气候条件的适应性和嫁接亲和力。未经审定、批准和试栽的引进砧木,不能推广、转送或扩大种植范围。果树在不同地区有它最适宜的砧木种类,同时由于栽培要求不同也需要不同的砧木类型。因此,从选用砧木这一角度出发,区域化砧木的选择应掌握以下几个条件。

第一,与接穗品种有良好的亲和力,愈合良好,嫁接成活率高。

第二,对当地土壤、气候等自然条件适应性强。嫁接树根系发达,生长健壮。

第三,有利于接穗品种的生长和结果,或能提早结果,增进品质。

第四,具有抗寒、抗旱、抗涝、抗盐碱、抗病虫害能力或能控制树体生长等特性。

第五,砧木来源充足,容易繁殖。

我国地域辽阔,果树砧木种类繁多,为便于各地根据果树栽植区的气候、土壤等自然条件和栽培要求,选择适宜的优良果树砧木,现将我国主要果树各地常用的砧木列入表 6-1,以供参考使用。

表 6-1 我国主要果树常用砧木种类及主要特性

(引自《果树栽培学总论》,1998)

树 种	砧木名称	主要特性
苹 果	山定子、毛山定子	抗寒性强,根系发达,耐瘠薄,不耐盐碱,抗旱力较海棠果差
	海棠果	抗旱,抗涝,抗寒,耐盐碱。其中崂山奈子有矮化效果
	扁棱海棠(八棱海棠)	较抗旱,耐涝,耐寒,抗盐碱
	花红(沙果)	类型较多,有矮化作用,可提早结果
	湖北海棠	适应性强,抗病强,有一定耐涝和耐盐碱能力
	三叶海棠	较抗旱耐湿,耐盐碱,不抗涝。红果型根系发达,生长势强,黄果型须根少,长势较弱

续表 6-1

树种	砧木名称		主要特性
苹果	丽江山定子		较耐涝，乔化砧，抗逆性强，适于西南地区
	小金海棠		半矮化砧，抗旱，耐盐碱，与苹果亲和力强
	新疆野苹果		较抗寒，抗旱，耐盐碱
	国外矮化砧引种利用	M2	半矮化砧，根系入土较深，抗旱，根系不耐－10℃低温
		M4	半矮砧，根系较深，抗旱，抗寒力较强，耐瘠薄，压条容易生根
		M7	半矮化砧，根系较深，抗旱，抗寒，抗涝，压条生根难，矮化明显，提早结果
		M9	矮化砧，根系浅，须根多，不抗旱、抗寒、抗涝，压条生根难，矮化明显，提早结果
		M26	矮化砧，固地性好，抗寒，抗白粉病，能耐－17℃土温，抗旱性差
		M27	极矮化砧，嫁接树高仅为 M9 的 1/2
		M106	半矮化砧，抗根绵蚜，固地性好，耐－17℃土温，压条生根良好，可硬枝扦插，结果早
		M111	半矮化砧，较抗寒，抗旱，压条易生根，根系发达，适应性广，扦插能生根
		M3	半矮化砧，根系浅，抗盐碱力强，越冬性良好，耐涝
梨	杜梨		根系发达，耐旱，耐涝，抗盐碱，与中国梨和西洋梨亲和力强，结果早，寿命长
	秋子梨		抗寒，乔化，抗腐烂病，丰产，寿命长
	沙梨		抗涝、耐热，根系发达，南方梨主要砧木，抗腐烂病中等，嫁接巴梨、冬香梨易患铁头病
	褐梨		适应性强，抗旱，耐涝，生长势强，结果较晚
	豆梨		与沙梨和西洋梨亲和力强，耐热，抗涝，抗旱，抗腐烂病，抗寒力较差
	木梨		易生萌蘖，对各系统梨嫁接亲和力强，抗腐烂病力差，生长健壮，结果良好
	川梨		同木梨

续表 6-1

树　种	砧木名称	主要特性
梨	白　梨	抗寒力弱，嫁接亲和力良好
	榅　桲	西洋梨矮化砧。有 A、B、C3 个类型，A 型亲和力强。扦插易发根，抗寒力较差，不耐盐碱。C 型矮化效果显著
桃	山　桃	抗寒、抗旱，耐盐碱，耐瘠薄，嫁接亲和力良好
	毛　桃	耐盐碱，耐瘠薄，较抗旱，嫁接亲和力良好
	中国李	耐湿，抗旱，亲和力中等，有矮化倾向
	毛樱桃	抗寒，抗旱，耐瘠薄，有矮化作用，嫁接成活率较低
	杏	嫁接成活率较低，进入结果期较迟，结果良好
	扁　桃	抗旱力强，有矮化作用，嫁接成活率较低，寿命短
李	山桃、毛桃	耐盐碱，耐瘠薄，嫁接亲和力强，抗寒，抗旱
	中国李	耐湿，抗寒，亲和力好
	杏	与中国李和欧洲李嫁接易成活，结果早，抗涝性差
	毛樱桃	抗寒，抗旱，有矮化作用
杏	山　杏	抗寒，抗旱，耐瘠薄
	杏	较抗旱，抗寒
樱　桃	青肤樱	易繁殖，不抗寒，根系浅易倒伏，不抗根头癌肿病、根朽病和紫纹羽病，耐旱
	马哈利樱桃	适应性强，耐旱，抗寒力弱
	山樱桃	较抗寒，抗根头癌肿病，嫁接亲和力良好
葡　萄	山葡萄	极抗寒，扦插难发根，嫁接亲和力良好
	贝　达	抗寒，结果早，扦插易发根，嫁接易成活
	河岸葡萄	抗根瘤蚜，抗寒，扦插易发根
	沙地葡萄	抗寒，较抗旱，抗病力强，不耐盐碱，抗根瘤蚜

续表 6-1

树　种	砧木名称	主要特性
核　桃	核　桃	嫁接亲和力良好，不耐盐碱，喜钙质深厚土壤
	核桃楸	抗寒，抗旱，嫁接亲和力良好
	铁核桃	耐湿热，不抗寒，嫁接亲和力良好
	野核桃	喜温暖，耐湿，嫁接亲和力良好
	枫　杨	抗涝，耐瘠薄，适应性强，嫁接亲和力良好
板　栗	板　栗	耐瘠薄，适应性强，嫁接亲和力强
柿	君迁子	适应性强，较抗寒，嫁接亲和力强
	普通柿	南方柿主要砧木，嫁接亲和力良好
	油　柿	有矮化作用，结果早，寿命短，喜温暖
枣	酸　枣	抗寒，抗旱，耐盐碱和瘠薄，嫁接亲和力良好
	枣	抗寒，抗旱，耐盐碱和瘠薄，嫁接亲和力良好
柑橘	枳	抗寒，抗病，不耐碱性土壤，半矮化，寿命较短，可作甜橙类、宽皮橘类和金柑类砧木，易患裂皮病
	酸　橘	深根性，土壤适应性强，寿命长，可作甜橙类、柑和蕉柑的砧木
	枸头橙	耐旱，耐湿，耐盐碱，寿命长，华东应用较多
	香　橙	根系深，抗寒，抗旱，耐热，耐瘠，抗脚腐病及衰退病，耐湿性较差
	红　橘	根系发达，耐寒抗旱，耐盐碱，结果迟
	红柠檬	根系分布浅，耐旱，耐寒，耐瘠薄力差，寿命短
	柚	根系深，不耐寒，不耐旱，喜深厚土壤，抗根腐病和流胶病，不宜作橘类砧木
	酸　橙	适应性强，根系深，抗旱，寿命长
枇　杷	枇　杷	根系分布浅，不抗旱，较耐湿，嫁接亲和力强
	石　楠	耐旱及耐寒力较强，有矮化作用
	榅　桲	根系分布较浅，耐湿，寿命短，生长结果良好

(二)接穗的选择和处理

严格、正确地选择和处理接穗,是嫁接果苗成活和栽培成功的前提和保证。接穗的选择和处理主要包括:接穗的选择和采集以及接穗的贮藏和运输等内容。

1. 接穗的选择和采集 接穗品种的选择也要遵循区域化和良种化的原则。无论自繁自用果苗,还是销售用商品果苗,都必须根据果苗预期栽植区的气候、土壤等生态条件,选择具有生长健壮,抗逆性强,丰产、质优等综合性状好的优良品种。使选定的接穗品种,不但能适应栽植区的气候和土壤条件,表现丰产优质,而且能保持丰产与优质的统一,适应市场需要,适销对路,经济效益高。对一些需要配置授粉树的果树,如苹果、梨、猕猴桃、银杏等,还要选择一些配套品种,作为嫁接授粉树果苗的接穗品种。为保证接穗母株品种纯正优良,一般应从良种母本园中选择,如无良种母本园,也可以从管理精良的优良品种丰产园中选择。一些国家常采用颁发各种检验合格证的办法来管理这些繁殖材料,不合格的不能采集扩大繁殖。在没有建立严格管理制度的情况下,为了保证接穗母株品种纯正优良,必须对初选接穗母株进行仔细考察鉴定。考察最好在采果前进行,这样更有利于鉴定其品种是否真实,综合性状是否优良。接穗母株,应选择品种纯正,生长健壮,丰产、稳产、品质优良和无检疫性病虫害的成年植株。未经脱毒处理的携带病毒植株、不合要求的嵌合体芽变及其他突变体不能用作接穗母株。对符合选择条件的接穗母树分别编号、标记并绘制果园定植图。然后进行树龄、砧木、植株形态、果实性状以及生长结果习性等内容的调查和记载,以备采集接穗时参考。用作接穗的枝条,应从母树树冠的中、上部或外围部选取,树冠下部和内膛荫蔽处的细弱枝、下垂枝,以及直立强旺、节间长、芽体小、组织不充实的徒长枝,均不能作为接穗用枝。春季嫁接时,应采集生长健壮、组织充实、芽体饱满，粗度适宜的1年生枝。有些果树也常采用2年生以上的多年生枝，如荔枝、核桃、无花果等可采用1～2年生枝，银杏可采用1～3年生枝，枣、油橄榄等还可采用1～4年生枝。柑橘类果树的春梢、夏梢或秋梢，均可在春季嫁接时用作接穗枝条，但以春梢或秋梢为最好。夏梢往往因生长过快，常导致组织发育不充实，有些种类还带有长刺，因此在生产上应用较少。秋季嫁接宜采用生长健壮，已完全木质化或刚刚木质化的当年生新梢。柑橘类果树多采用当年生春梢。这类枝条，生长已基本停止，枝条组织充实，芽已发育成熟，用其嫁接容易成活。但在干旱季节，进行不带木质部芽接(如"T"字形芽接)时，接芽常常不容易从已停止生长的枝条上剥离下来，这时也可以采用尚未停止生长的当年生新梢。

接穗采集的时间依嫁接时期而定。供春季嫁接用的枝条，可于果树休眠期采集。从优良品种生产园采集接穗时，多数地方均结合冬季修剪时进行采集，但这样采集的接穗常由于贮藏时间过长或贮藏方法不当，导致接穗生活力下降而影响嫁接成活。因此，采集接穗枝条的时间，以春季萌芽前10～20天为宜。有伤流习性的树种，如猕猴桃、核桃等，应注意在伤流发生前采集。接穗枝条采集后，立即进行适当处理，剪去上、下两端发育不充实、芽体不饱满的枝段，柑橘等常绿果树还要及时摘除枝条上的叶片。然后每50～100枝用塑料袋绑成一捆，挂上标明品种、数量、采集时间、采集地点、采集人姓名等内容的标牌。为防止标牌丢失，每捆必须挂标牌2张，一张插入捆内，一张系在接穗上。经过以上处理的枝条便可用来进行嫁接或贮藏。秋季嫁接所用接穗，以随采随接，成活率最高。采集接穗枝条的时间，以早晨或上午在枝条含水量最高时采集为最好。枝条剪取后立即剪去叶片，只保留与芽相连的一小段叶柄，这样处理既有利于减少水分蒸发，也便于芽接时操作和检查成活率。枝条不同部位的芽体，由于形成期的营养状况、激素供应以及外界环境条件不同，造成了它们在质量上的差异，即芽的异质性。多数果树以枝条中、上部位的芽，质量最好，基部芽体瘪小，梢端部芽发育不好。因此，用作接穗的当年生新梢，也要剪去上、下两端芽体发育不良的枝段。柑橘、板栗、柿、杏、猕猴桃的新梢顶芽有自枯现象，最先端腋芽称为假顶芽，一般发育好、萌发快，可用于嫁接，惟基部数芽发育不充实，应剪去不用。最后将处理好的枝条，以 30～50 支为一捆，挂上标签，标明品种、数量、采集时间、地点，包上湿布，或用装有湿润苔藓或锯木屑的塑料袋包装后，便可送至苗圃供嫁接用。随采随接的当年生新梢，一般不适宜长时间贮藏。因此，嫁接时应根据嫁接能力按计划采集。如果出现接穗较多或因故有剩余接穗的情况，可选择阴凉通风处，将剩余接穗下端用湿润河砂培好，并适当喷水保湿，或将剩余接穗基部浸泡于清水中，以备后用。

2. 接穗的贮藏和运输 用于春季嫁接的 1 年生或多年生接穗，剪离母体后需要进行一定时间的妥善贮藏，使接穗在低温度(5℃～10℃)、高湿度(空气相对湿度 80%～90%)和通气条件下，不干枯、不霉烂和不萌发。贮藏的方法，常因贮藏时间和枝条数量不同而不同。在数量多、贮藏时间较长的情况下，多采用湿润河砂贮藏。其操作程序和要求与种子层积大体相同，即将成捆的接穗枝条散开或捆成小捆，与清洁而湿润的河砂相间成层堆放。砂的湿度要适宜，过湿比过干更容易损坏接穗，一般河砂的含水量以 3%～5% 为适宜。贮藏地点可设在室内或室外，也可以利用山洞或防空洞贮藏。贮藏期间每隔 7～10 天翻动 1 次，剔除腐坏枝，调整河砂湿度。广东用这种方法贮藏柑橘枝条，一般可贮 2 个月左右。如果用湿润干净的苔藓填充，塑料薄膜包裹，留孔通气，放入低温 5℃～10℃，空气相对湿度 88%～91% 的冷库中，贮藏时间会更长，效果也更好。较短时间贮藏接穗时，可将接穗装入聚乙烯塑料薄膜袋中，袋内填装一些湿润的苔藓、锯末或刨花于接穗间，捆绑袋口，置于阴凉处存放即可。有些地方，采用蜡封保湿方法，贮藏板栗接穗效果也很好。其做法是：将按嫁接要求剪截成段的接穗放入清水中，待其充分吸水后取出，当接穗表面晾干后，手拿接穗一端，将接穗下段快速浸入90℃～100℃的石蜡溶液中，并快速取出，然后再倒转过来速蘸另一段，使整个接穗表面都蒙上一层薄薄的石蜡。操作时注意石蜡液温度不能过高，一般以100℃以下为好，浸蘸速度越快、时间越短越好。石蜡温度过高或浸蘸时间过长，容易烫伤接穗而失去使用价值。这一方法的优点是操作简便，接穗保湿效果好。除板栗接穗应用效果很好外，用此法贮藏其他果树的1年生或多年生接穗的效果也很好。用蜡封法贮藏的接穗，主要用于春季枝接，芽接用枝条多不采用蜡封处理。用蜡封接穗枝接时，只需把接口部分用塑料膜带绑缚严密即可，接穗部分不需另加措施保湿，操作简便，能显著提高嫁接效率和嫁接成活率。华中农业大学采用蜡封接穗嫁接板栗、猕猴桃、枇杷、柿、枣、苹果、梨、无花果、银杏、石榴，以及脐橙、葡萄柚等柑橘类果树，春季果苗枝接（切接）成活率均达94%以上，大树高接成活率也达92%以上。

对需要调运的接穗，必须做好贮运工作。蜡封接穗，可直接装箱运输，不需在箱内另加保湿措施。未经蜡封保湿处理的接穗，则需要保湿运输。通常的做法是：先将接穗装入聚乙烯塑料薄膜袋中，袋内接穗间隙填充适量的干净湿润的苔藓、锯末或刨花等保湿材料，再将装有接穗的塑料薄膜袋装入抗挤、耐压并设有通气孔的木箱或纸箱中，钉好木箱盖或捆好纸箱后便可发运。在调运接穗时，还必须在接穗上挂好标有品种名称、数量、采集时间和地点的标签，在包装箱外面也要贴上含有上述内容的标牌。接穗量少时，可将接穗用湿草纸、湿布或湿麻袋包卷，装入聚乙烯薄膜袋中，随身携带。聚乙烯塑料薄膜，透气防水性能好，既能让氧气和二氧化碳气体通过，又能阻止水分进出。因此，聚乙烯塑料薄膜是一种保存接穗的好材料，尤其对保存少量接穗更是简便适用。夏秋季高温期间，调运接穗更要注意保湿，最好进行冷藏贮运。接穗在运输途中要严防日晒、雨淋和对包装箱的严重挤压，还要注意检查湿度和通气状况。接穗运到目的地后，要立即开箱检查，校对品种名称、数量、安排嫁接或贮藏。

接穗的选择与处理的最后一项工作是：在开始嫁接之前，将用河砂、苔藓、锯末等保湿材料贮藏的接穗，根据当天嫁接的需要量，按计划分批从贮藏处取出。用水洗去附着在接穗枝条上的砂粒和杂物。剔除干枯、霉烂和已萌芽的枝条，选留皮色新鲜、芽眼完好的枝条，并根据在贮藏期间枝条的失水状况，将选留的枝条在清水中浸泡 4～8 小时，取出晾干后，再按枝条的粗度分级存放，以便在嫁接时依砧木大小取用接穗，尽量为嫁接做好周全的准备。对用于枝接的枝条，最好在嫁接前将枝条按嫁接要求长度分段剪截成接穗，并对接穗上端进行蜡封处理，这样不但能简便田间操作，提高嫁接效率，也有利于提高嫁接成活率。

四、主要嫁接方法

果树繁殖果苗的嫁接方法，根据所用器官不同，主要分为芽接法、枝接法和根接法 3 种。

(一)芽 接 法

以芽片为接穗的嫁接繁殖方法称为芽接。是现代果树繁殖中应用最为广泛的一种嫁接方法。其主要优点是：节省接穗，接口愈合好，操作简便，容易掌握，可以嫁接的时间长，成活率和工作效率高，以及容易对未接活植株进行补接等。芽接的方法有很多种，根据所取芽片的状况，可分为不带木质部的芽接和带木质部的芽接 2 类。

1. 不带木质部芽接 此法适用于多种果树的嫁接，尤其在苹果、梨、桃、李、杏等果树中，应用最为广泛。这种嫁接方法，要求削取的芽片不带木质部，或只带少许的木质部。因此嫁接的时期，以形成层细胞分裂最旺盛时进行最为适宜。在生产上，要求在皮层容易剥离，砧木达到嫁接要求的粗度，接芽发育充实时进行。我国大多地区，均可于5月下旬至9月下旬进行，但一般以7月下旬至9月上中旬的嫁接成活率最高。在果树苗木嫁接中，常用的不带木质部的嫁接方法有："T"字形芽接、一横一点芽接、方形贴皮芽接、"工"字形芽接以及套芽接等，其中以"T"字形芽接应用最为广泛。现将以上嫁接方法的操作要领介绍如下。

(1)"T"字形芽接　也称为"丁"字形芽接或盾片芽接。先在砧木离地面4～5厘米处，选择树皮光滑的一侧，擦净泥土，用刀纵横各切一刀，使其呈深达木质部的"T"字形切口。用手倒握接穗，在接穗上削取一长1.8～2.5厘米、宽0.6～0.7厘米的盾形不带木质部或只带少许木质部的芽片。将削下的芽片随即插入砧木的"T"字形切口皮层内，注意芽片上端与砧木横切口紧密相接。然后用塑料薄膜或其他材料捆扎即成(图6-1)。

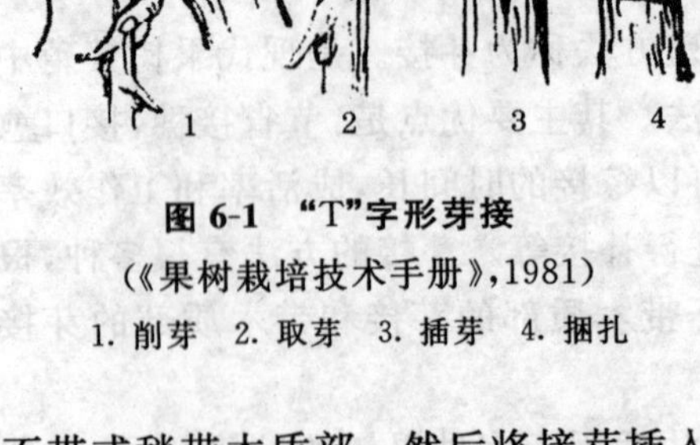

图6-1　"T"字形芽接

(《果树栽培技术手册》,1981)

1. 削芽　2. 取芽　3. 插芽　4. 捆扎

(2)一横一点芽接　其操作方法与"T"字形芽接法大体相同，只是将上述"T"字改为一横一点。即在砧木离地面5厘米左右处，横切深达木质部的一刀后，随即用芽接刀刀尖于横切口中央，向下切一小口，同时用刀尖向左右拨动，将皮层挑起。削芽方法与要求与"T"字形芽接法相同，削面不带或稍带木质部。然后将接芽插入砧木切口内，并捆扎即成。

(3)方形贴皮芽接　也称为方块形芽接或“口”字形芽接。由于接芽与刀片接触机会少，与砧木接触面大，所以嫁接成活率高。大小砧木均可采用，尤其对一些厚皮树种如核桃、柿等更为适宜。而厚皮树种用“T”字形芽接会因芽片周边贴合不好而影响成活，其做法是：用刀片间距 2 厘米左右的专用双刃芽接刀，从接穗枝条上切取不带木质部的方块形芽片，紧贴在砧木上与芽片大小相同、去掉皮层的方形切口上，露芽捆扎即成。具体操作过程见图 6-2。

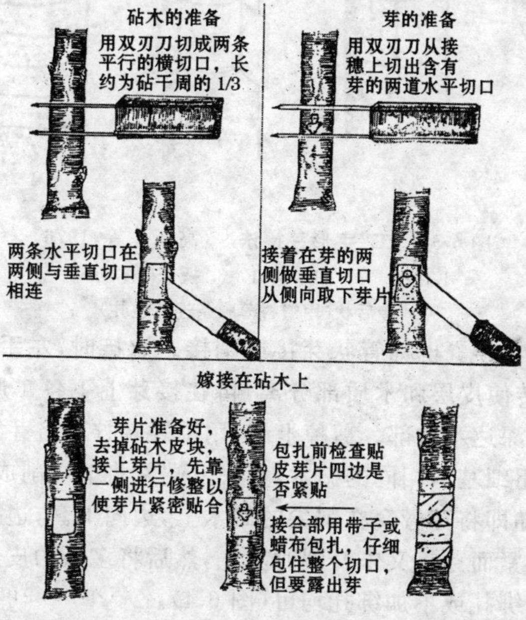

图 6-2　方形贴皮芽接　(Hartmann and kester，1975)

(4)“工”字形芽接　在砧木皮层比接穗皮层厚很多的情况下，适合采用“工”字形芽接方法。嫁接时，先用平行双刃芽接刀在砧木上，切出深达木质部的二道平行的切口，在其中央做一纵切口，连接二道平行切口形成“工”字形。切口纵、横长度为 1.5～2 厘米。再从接穗枝条上削取一个 1.5～2 厘米边长的方块形，或横长稍短的长方形芽片。然后揭起纵切口两边的皮层，把芽片插进去。为了贴合得更好，可把芽片侧边削成斜面。最后用切开的砧木树皮把芽片盖上。再用1～1.5厘米宽的塑料薄膜带绑紧。"工"字形芽接，捆绑时要注意芽片不能翘起，而必须与砧木紧密贴合(图6-3)。

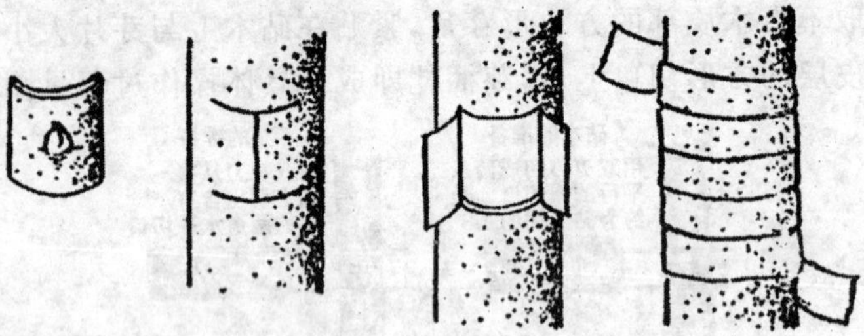

1　　2　　3　　4

图6-3　"工"字形芽接法　(高新一等，1976)

1. 芽片　2. 砧木切口　3. 撬开砧木切口

4. 接后状(用塑料薄膜条连芽包扎)

(5)套芽接　也称管状芽接或哨接。嫁接时，左手拿接穗，右手通过扭转使皮层和木质部分离，再在接芽上下各1厘米左右处环割皮层，深达木质部。剪掉上端，用手轻轻拧动将芽管取出。选择与芽管粗细基本相同的砧木，剪去上端并将上端削成尖形，再剥开皮层。随即将芽管套在削尖的砧木上，边向下套，边撕开砧木皮层，直到套紧而芽管又未开裂时为止，然后将多余的皮层和木质部剪掉，稍加绑扎或不加绑扎均可(图6-4)。

2. 带木质部芽接　主要用于因枝条具有棱角、沟纹或芽垫过大，导致芽片剥离困难的树种，如板栗、枣、柑橘、猕猴桃等。这种嫁接方法，嫁接时芽片可带木质部，砧木也不要求容易离皮，因此可以嫁接的时间很长。只要砧木达到嫁接要求的粗度和接芽发育充实，就可以进行嫁接。在我国南方一些地区几乎可以周年嫁接。但在大多地区，以2～4月份和8～9月份两个时期的嫁接成活率

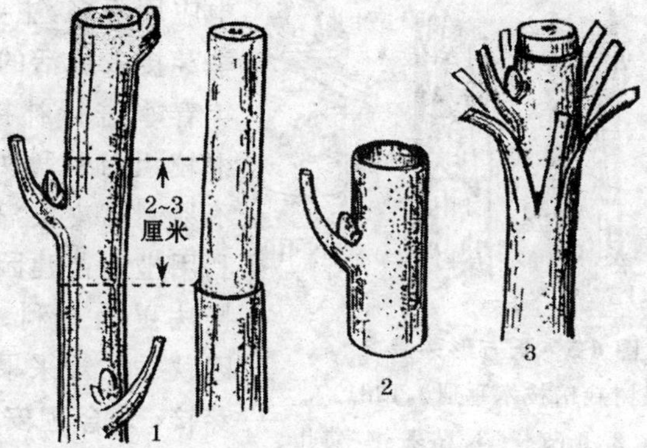

图 6-4　套芽接　(李继华,1980)

1. 采接芽的部位　2. 管芽　3. 套芽接完成

最高。在夏季高温和冬季低温时,嫁接成活率低。其常用的嫁接方法为嵌芽接。

嵌芽接也称为长方形芽接。嫁接时,先在砧木距地面 4～5 厘米处,选择树皮光滑的一侧,擦净泥土,用刀以 45°角切入砧木干径的 1/4,再在第一刀上面约 2 厘米处,向内再向下切,直到与第一刀切口相接,并取出切掉的带木质部的这段皮片。也可以在砧木上,先稍带木质部向下纵切一刀,长约 2 厘米,再将切开的带木质部皮片的上端切去 2/3,并取出。依上述方法,再从接穗上取出长约 2 厘米、宽约 0.6 厘米的带木质部芽片,芽片长度要稍短于砧木切口的长度。芽片取出后,随即嵌入砧木切口。嵌芽时应使芽片上端露出少许砧木皮层,如果芽片过长应当切去过长部分。注意使砧、穗双方形成层对齐,如果芽片小于砧木切口,可将芽片与砧木的一侧形成层对齐。然后用塑料薄膜带露芽或不露芽,将接口绑紧(图 6-5)。

(二)枝 接 法

是指以带芽枝段为接穗的一种嫁接繁殖的方法。在苗木繁殖

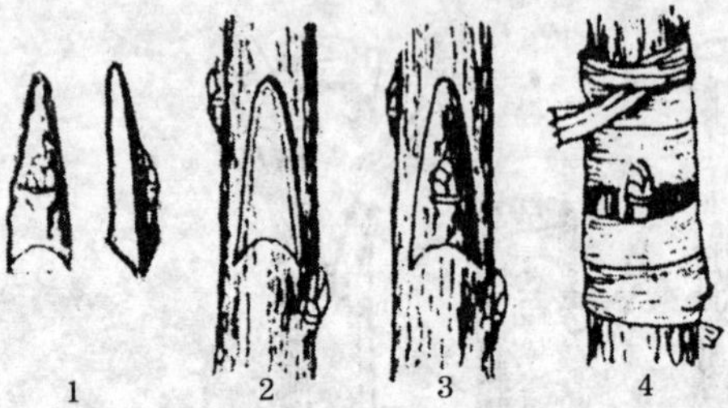

1　　2　　3　　4

图 6-5　长方形芽接

(《果树栽培技术手册》,1981)

1. 削芽　2. 削砧木　3. 贴芽　4. 绑扎

中应用不多,主要用于对秋季芽接未成活的苗木,在翌年春季进行补接。但在砧木较粗,砧、穗处于休眠期不易剥离皮层,高接换种或利用坐地苗建园时,采用枝接法更为有利。有的果园因秋季忙于采果,不便安排芽接,为合理安排劳力,也有在春季利用枝接繁殖果苗的习惯。枝接成活率高,接芽萌芽快,嫁接苗生长健壮是其主要优点。枝接根据嫁接地点不同,分为露地枝接和室内枝接;根据嫁接时对砧木的处理方法不同,分为截头枝接和不截头枝接;依接穗的木质化程度不同,分为硬枝嫁接和绿枝(嫩枝)嫁接。硬枝嫁接,是用处于休眠期的完全木质化的发育枝为接穗,于砧木树液流动期至旺盛生长期之前进行嫁接。绿枝嫁接,是以未木质化或半木质化的枝条为接穗,在生长期内进行嫁接。绿枝嫁接在生产上应用不多,葡萄绿枝嫁接一般于 5 月下旬至 6 月上旬进行。

枝接时期,通常分为春、秋两季。春季嫁接在砧木树液开始流动、芽尚未萌发时即可进行,只要将接穗贮藏在湿润冷凉处使其不萌芽,一直可以嫁接到砧木展叶时。北方地区春季枝接多在 3 月下旬至 5 月上旬。华中及其以南地区多在 2～4 月份。在华中地区,桃、李、杏、梨、苹果等果树萌芽较早,可于 2 月中下旬开始嫁接,而板栗、柿、枣等果树发芽较晚、柑橘怕冻,这些果树的春季枝接可于 3 月中下旬至 4 月上旬进行。华中地区一般不进行秋季枝接,但在我国南方广东、广西等地,落叶果树可在秋冬落叶后至春季萌芽前进行枝接。在北方寒冷地区,多在落叶后将砧木和接穗贮于窖内,于冬季进行室内嫁接,成活后于春季栽入苗圃。果树枝接有多种方法，现选择几种在果树苗木繁殖中应用较多的枝接方法介绍如下。

1. 切接　是枝接中应用最多的一种嫁接方法。适用于1～2年生较小砧木采用，当砧木近地面干径1.5厘米左右时，采用切接最适宜。

嫁接时，先将砧木离地面3～4厘米处的上端剪去，选择树皮光滑、木质部纹理顺直的一面，从砧木截面的一侧，稍带木质部向下直切一刀，长2～3厘米。接穗一般长为5～8厘米，具有2～3个饱满芽。将与顶芽同侧的接穗下端，削一长约3厘米的长削面，并在这一长削面的背面削一长约1厘米的短削面。或将接穗下端削成两削面长度相等的楔形，楔形两削面长均为2～3厘米。将削好的接穗随即插入砧木切口。务必使砧、穗两者的形成层互相密接。万一接穗削面小于砧木削面，可将接穗插入砧木切口的一侧，使砧、穗一侧削面的形成层相互对准，密切结合。然后用塑料薄膜带绑紧(图6-6)。

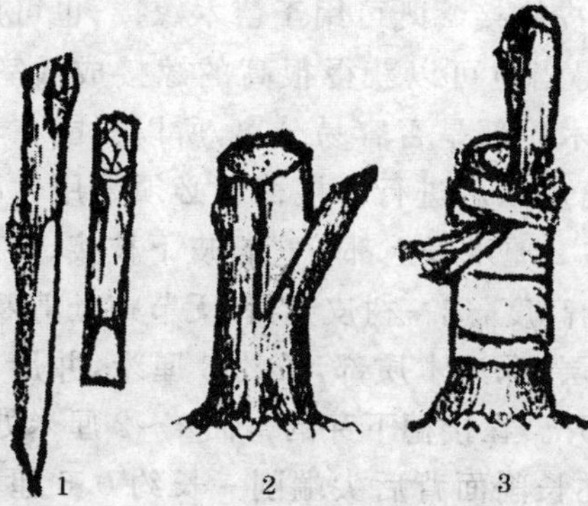

图6-6　切接

(《果树栽培技术手册》，1981)

1. 接穗的长、短削面　2. 切开砧木　3. 绑扎

2. 劈接　也称为苦接。劈接是一种古老的嫁接方法，特别适合于果树高接换种。在果苗嫁接中常用于较粗的砧木。

嫁接时，将砧木在离地面3～4厘米处剪断或锯断，用嫁接刀削平砧木断面。用刀于砧木的中央部位垂直向下切开，长2～3厘米。用于果苗繁殖的接穗长5～8厘米，具有2～3个饱满芽。将接穗的下端削成长2～3厘米、有两个对称削面的楔形，削面内外两侧的厚度可大体相等，最好削面外侧稍厚于内侧，以利于砧、穗两者的削面密切结合。接穗削好后插入砧木劈口内，使接穗厚侧面在外，薄侧面在内，接穗削面也不要全部插入砧木劈口内，应外露0.5厘米左右的削面在外，这样有利于愈合接口。插接穗时，要特别注意使砧、穗两者形成层对准。然后用塑料薄膜带绑紧，要将劈缝和截口全都捆绑严实，并注意在捆绑时不要碰动接穗（图6-7）。

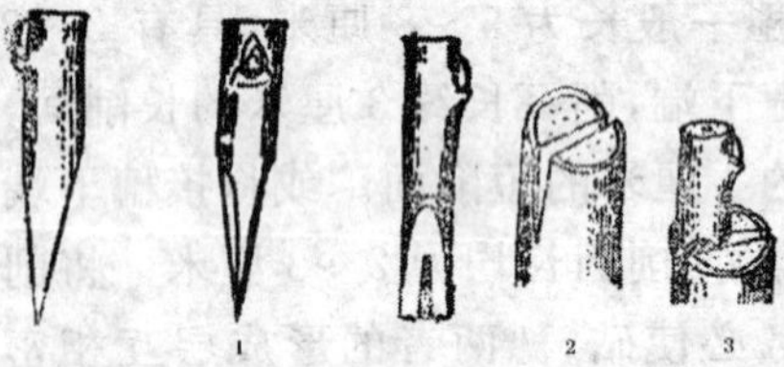

图6-7　劈接　（邢卫兵等，1991）

1. 削接穗　2. 削砧木　3. 插入接穗

用劈接进行大树高接换种时，对粗大枝桩要用专用劈接刀，从其中央垂直劈开或呈“十”字形劈开，劈口长4～5厘米，接穗可具5～6个芽，楔形削面4～5厘米，每个枝桩插入2～4根长枝接穗。这样既有利于接口愈合，也有利于高接树早成形、早结果。

3. 皮下枝接　也称为插皮枝接。既可用于苗木嫁接，也可用于大树高接换种，只要处理得当也可以获得很高的嫁接成活率。由于皮下枝接取决于树皮与木质部是否容易分离，所以只能在春天砧木开始生长活动，容易离皮以后进行。接穗也必须采用休眠枝。培育果苗时，砧木干径在2厘米以上都可进行皮下枝接。

嫁接时，在砧木所要求的高度，选一树皮光滑、无节疤处剪断，削平剪口截面。纵切砧木皮层，深达木质部，长约3厘米，并用刀尖将树皮向切口两边轻轻拨开。在接穗下芽的背面1～2厘米处，削一长约3厘米的长削面，在长削面背后尖端削一长约0.6厘米的小削面。或将长削面背部削成尖头状。将削好的接穗随即插入砧木切口内。接穗插入砧木切口时，要将接穗的长削面对着砧木木质部，从皮层切口中间慢慢插入，直至接穗到达可以固定的位置，但接穗不能插得过深，以接穗长削面基部外露0.3厘米左右为宜。然后用塑料薄膜带牢固捆扎，捆扎时注意不能碰动接穗(图6-8)。

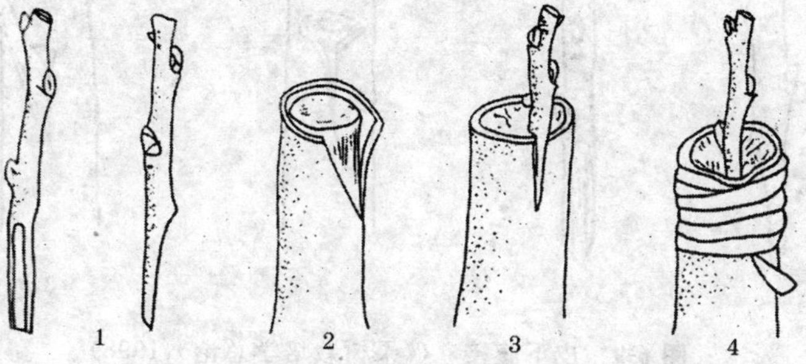

图 6-8 皮下枝接 (《果树栽培学总论》,1998)

1. 削接穗 2. 切砧撬皮 3. 插入接穗 4. 绑扎

4. 插皮腹接 此法由皮下枝接发展而成。既可用于繁殖果苗，也可用于在树冠的光秃部位增补缺枝。其嫁接技术与皮下枝接基本相同。

嫁接时，先用刀在砧木嫁接部位切一“Y”形、深达木质部的切口，在“V”处挖去一小块半圆形树皮，并用刀或竹片轻轻拨开切口两边的树皮。接穗长 5～8 厘米，保留 2～3 个饱满芽，下端削长削面 3 厘米左右，其背面下部削成尖头状。将削好的接穗微斜或垂直插入砧木切口中，砧、穗形成层对齐，嫁接育苗时剪去接穗以上的砧木，然后进行绑缚(图 6-9)。

5. 插皮舌接 此法也由皮下枝接发展而成。适用于皮层较厚又容易剥离的树种。在大砧高位嫁接培育大苗，或核桃、板栗等果树高接换种时，常采用这种嫁接方法。

嫁接时，先取长 8～12 厘米的接穗，上端保留 2～3 个饱满芽，下端削成长 3～5 厘米的马耳形斜削面。在砧木嫁接部位，按接穗削面形状，用刀削去老皮露出新皮，其削面长、宽应稍大于接穗削面。然后将接穗削面尖端皮层轻轻捏开，使其皮层与木质部分离。

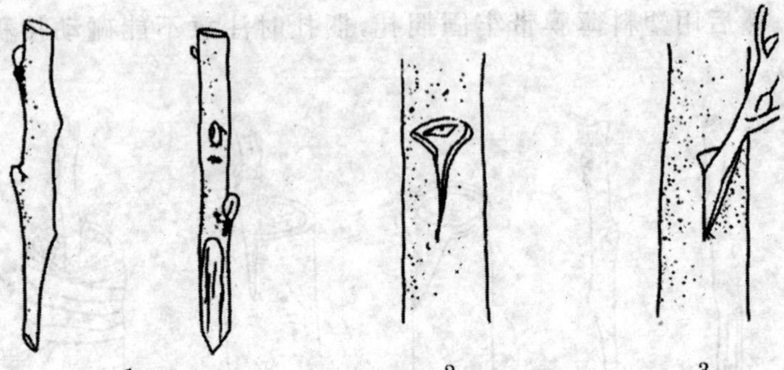

1　　　　2　　　　3

图 6-9　皮下腹接　（《果树栽培学总论》，1998）

1. 削接穗　2. 切砧木撬皮　3. 插入接穗

再将接穗的木质部慢慢插入砧木的木质部与韧皮部之间，接穗的皮层贴合在砧木的嫩皮上，接穗插至微露削面即可。然后捆扎牢固(图 6-10)。

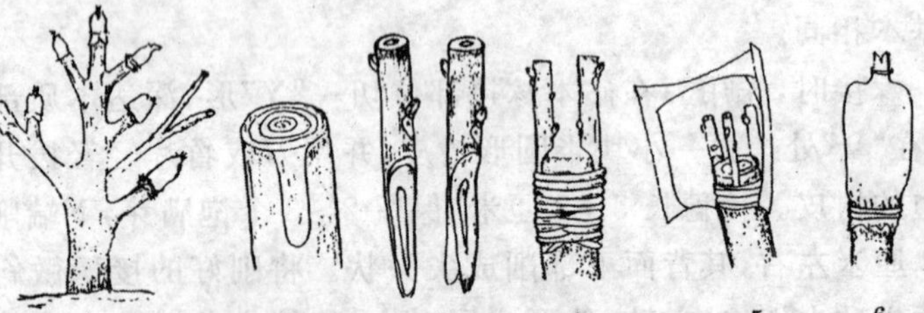

1　2　3　4　5　6

图 6-10　插皮舌接　（《核桃》，1980）

1. 多头高接　2. 砧木削去老皮　3. 接穗

4. 接穗插入后绑扎　5. 衬纸包塑料布　6. 装土包扎

6. 舌接　常用于葡萄硬枝嫁接和一些其他嫁接方法较难成活的树种。用舌接方法嫁接，砧、穗切削比较费工，因而多用于室内嫁接。由于砧、穗接触面大，所以一般接口愈合快，嫁接成活率高，接口愈合也牢固。舌接时要求砧木与接穗的粗度要大体一致。

嫁接时，将砧木和接穗削一同样长 3 厘米左右的马耳形削面，并分别于砧木和接穗的马耳形削面尖端的 1/3 处，向下切入 1.5 厘米左右长的切口。再将接穗的切口插入砧木的切口中，使接穗和砧木的舌状部位交叉结合在一起，然后对准形成层，向内慢慢插紧。如果砧木粗度大于接穗，可将接穗置于砧木的一侧，使一边形成层对准密接。最后用塑料薄膜带严密绑缚接口(图 6-11)。

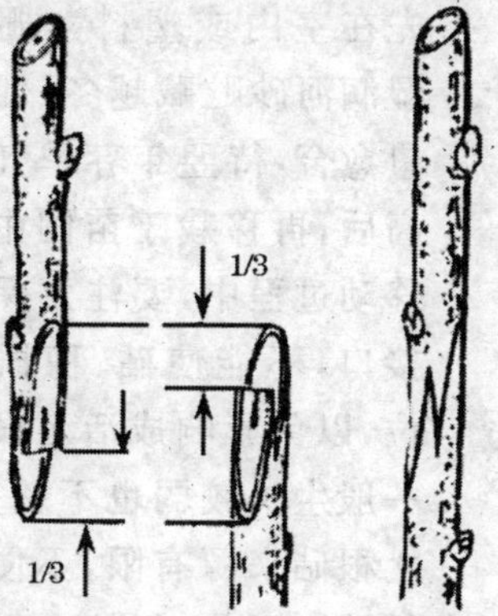

图 6-11　舌接　(李继华，1980)

(三)根接法

一种以根段为砧木的嫁接繁殖方法。所用根段多在苗木出圃时挖取残根，或从出圃苗木中剪取。也可以结合果园冬季施肥剪取部分根段。将收集的粗度在 0.5 厘米以上的残断根，剪截成长 8～10 厘米的根段。然后将剪成的根段置于冷凉处，用湿润河砂贮藏，以备嫁接时随接随用。

根接多于冬季在室内进行。切接、劈接、舌接以及倒腹接等多种嫁接方法，均可用于根接。根接时，要特别注意区别根段的形态学顶端和基端，切勿倒置极性。当根砧粗度大于接穗粗度时，可采用切接或劈接(图 6-12)。当根砧粗度与接穗粗度大体相当时，可采用舌接。根接时所采用的切接、劈接及舌接，其嫁接方法和操作要求，均与枝接时所采用的同类方法相同。如果根砧的粗度小于接穗的粗度，即根小接穗大时，可用倒腹接。即按切腹接的方法倒过来嫁接，也就是在接穗的下端，切一深达接穗干径 1/3 左右稍斜的纵切口，将根砧的上端削成外侧稍厚、内侧稍薄的楔形，再将根砧上端的楔形削面插入接穗下端的切口，然后用塑料薄膜带绑紧即成(图 6-12)。若根段过小，可用此法在接穗上嫁接 2～3 根根段。在根小接穗大时,还可以采用倒切接或倒劈接,即将接穗的下端切开或劈开,将根砧的上端削成楔形,插入接穗下端的切口或劈口内,再加以紧密绑扎即成。

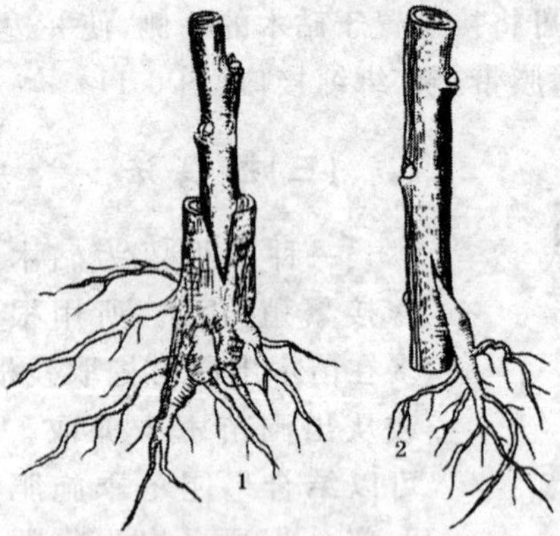

图 6-12　根接法

(《果树栽培学总论》,1998)

1. 劈接法　2. 倒腹接

根接完成后,可将嫁接苗直接栽于苗圃中,但最好先在室内或塑料大棚内用湿润河砂贮藏越冬,促进接口愈合,待翌年春季气温升高后,再移栽于苗圃中。在移动过程中,要注意保护嫁接口,不能使砧、穗摇动错位,以免影响成活。根接苗一般生长较弱也不整齐,加之根砧来源有限,不便大量繁殖。因此,根接在果树苗木嫁接繁殖中并不重要,在苗木繁殖中的应用也很少。

五、嫁接苗的培育与管理

(一)检查成活与补接

芽接苗嫁接后 10～15 天,即可检查接芽是否成活,通常多依据接芽和叶柄的状态进行鉴别。凡接芽饱满、皮色新鲜,叶柄微黄、一触即落者为已成活。如芽片变色、干缩,叶柄焦枯而不易脱落者,则表明未成活。对未成活者应及时进行补接。秋季芽接苗多继续采用“T”字形或长方形芽接法补接。如因时间或人力等原因,秋季不能补接,也可以于翌年春季剪砧时,采用切接或其他枝接法进行补接。对于生长过弱、过密的未接活植株,可不行补接而直接剪除。

枝接苗,嫁接后2～3周检查成活,一般通过观察接口愈伤组织发生情况、接穗状态和是否萌芽,来判断是否嫁接成活。凡接口愈伤组织产生较多、接穗皮色新鲜或已萌芽,表明已嫁接成活。反之,愈伤组织产生很少、接穗变色、皱缩、干枯和不萌芽,则表明未成活。有时也会出现接穗色泽正常,甚至已在萌芽,但以后逐步死亡的情况。所以判断枝接苗是否成活,以接穗萌芽并抽枝3～5厘米时最为可靠。对未接活的植株,剪除已经枯死接穗,再以切接或其他枝接方法进行补接。也可以剪除接口部位以上的砧木,促发萌蘖,待以后用芽接方法进行补接。

(二)剪砧与解绑

凡是芽接苗,嫁接成活以后,均需要进行剪砧。秋季芽接成活后,一般当年不要求萌芽,应于翌年春季接芽萌发前剪砧。剪砧时,在芽片以上0.3～0.5厘米处下剪,剪口要求光滑并向芽背面微向下斜,这样有利于剪口愈合和接芽萌发后生长。

生长期嫁接,要求当年萌发的芽接苗,需要进行二次剪砧。如进行一次剪砧,在接芽萌发之前剪去过多枝叶,会使砧苗地上部与地下部骤然生理失衡,不但影响接芽萌发和生长,甚至会使砧木根系因得不到叶片制造的有机营养,而饥饿致死。二次剪砧的做法是:嫁接后1周左右,或在检查成活的同时,于接芽以上3～4厘米处,剪断或切断砧木主干的1/2～2/3,随即将砧梢折倒在接芽的反面(倒砧)。也可以剪去砧梢,在接芽以上保留3～4片叶片或1～2个副梢后,再将砧梢剪去。这样既有利于促进接芽萌发,也使根系仍可得到砧木叶片制造的养分供应,不会衰退或死亡。当接芽抽发的新梢长达15厘米左右,并基本木质化时,再进行第二次剪砧,于接芽以上0.3～0.5厘米处将砧梢全部剪去。在桃等果树快速育苗，以及柑橘、枇杷等常绿果树嫁接中，都普遍采用二次剪砧。例如，桃苗 6 月中旬嫁接，接后 10～15 天倒砧，新梢长到 10 厘米时，再行第二次剪砧并解绑。在适当的管理措施配合下，当年可育成 50 厘米高的充实成品苗。二次剪砧有利于苗木生长，能明显提高嫁接苗质量。腹接果苗也要进行剪砧，其操作方法和要求，可以根据嫁接时期不同，按上述芽接苗的剪砧方法，进行一次或二次剪砧。

解绑，也是嫁接苗管理的一项重要工作。用草（如马蔺叶）绑的，如果自下而上只缠 4～5 道，接芽上端只压一道草，在这种情况下一般不须解绑，因为随着苗木的生长绑草会自动松开，或在风吹、雨淋、日晒条件下腐烂脱落。但用麻绳或塑料薄膜带捆绑的嫁接苗，都必须进行人工解绑。秋季芽接苗，当年不需萌芽，可于翌年萌芽前，结合剪砧进行解绑。生长季节嫁接的苗木，如果采用不露芽捆绑，为不影响接芽生长，一般于嫁接后 2 周左右、接芽萌动之前解绑；如采用露芽捆绑，则在新梢长到一定高度，结合第二次剪砧进行解绑。枝接苗一般都在新梢长到 15 厘米左右时解绑。解绑时间不可过早，在不影响嫁接苗生长的前提下，以尽可能晚一点解绑为好。但也不能过晚，否则会因绑缚物的绞缢作用，而妨碍嫁接苗的生长，甚至会因绞缢严重，使嫁接苗折断或死亡。解绑时，不必将全部捆绑物解开，只需将活头抽开，或用刀在接芽背面，将绑缚材料切断一部分即可。但遇到因解绑过晚、绞缢严重，而使绑缚物陷入皮层的时候，则必须小心地将绑缚物从皮层中抽出。

（三）除萌与扶缚

芽接苗剪砧后或截头枝接后，在砧木上容易发生萌蘖。这些萌蘖不但影响接芽适时萌发，而且由于消耗过多的养分，也影响接芽萌发后的生长。因此必须抹除。除萌要早，以抹芽为主；要勤，要反复多次。从接芽萌发之前开始，萌蘖一发生即抹除，至少每隔

1 周除萌 1 次，务必将砧木上的萌蘖抹除干净。枝接苗，除必须抹除砧木上的全部萌蘖外，对接穗抽发的新梢，除保留 1 个壮梢外，其余新梢也要抹除或剪掉。

有些果树特别是藤本果树，如温州蜜柑以及猕猴桃、葡萄等。接芽萌发后抽生的嫩梢长而柔软、木质化程度低，容易被风吹折或倒伏。如不及时扶缚直立，不仅管理不便，损伤率大，而且苗木弯曲，生长不良，降低苗木质量。因为合格的苗木要求干直不弯曲，即便有些倾斜，其倾斜度也不能大于 15°。因此，对新梢适时扶缚应当重视。通常的做法是：在新梢长到 20 厘米左右时，用小竹竿或小木棍作支柱，插入苗木旁，将新梢采用“∞”形扣绑缚在支柱上。也可以在苗床两端打入木桩，沿苗木行向，牵引距地面高约 50 厘米的铁丝，再将新梢引缚于铁丝上。

（四）摘心与圃内整形

在苗生长停止前，当高度达到一定要求时，应及时进行摘心，以控制苗木延长生长，促进苗干增粗和芽体充实饱满。要求圃内整形的苗木，一般在苗高超过定干高度 10 厘米左右，整形带部位已木质化或半木质化，而且芽已比较充实饱满时进行。摘心高度不能过低，否则将来发出的分枝过低，不便果园管理。摘心应分次进行，先达到要求高度的苗木先摘心，后达到要求高度的苗木后摘心，达不到要求高度的苗木暂不摘心。摘心的时间和高度，因地区和果树种类不同而不同。在我国多数果树苗木摘心的时间，多于 6 月下旬至 7 月上中旬进行。甜橙、柠檬、柚等，可在苗高 50～60 厘米处摘心，将其上 10 厘米左右的嫩梢剪除，让其下 40～50 厘米处抽生 3～5 个分枝。温州蜜柑等宽皮柑橘，以及桃、李等核果类果树可稍低，一般摘心高度为 40～50 厘米。苹果、梨、柿等果树摘心高度多在 60～80 厘米。

苗木摘心后，在良好、合理地栽培措施配合下，可于苗干上抽生4～6个分枝，从中选择3～4个着生位置好的健壮分枝，预作将来的骨干枝，并将着生位置不当、生长弱的分枝进行摘心或剪除，这样便可基本完成圃内整形的任务。在苗圃内完成树形基本骨架的苗木，称为整形苗。用整形苗建园，虽然成本较高，但果园树体整齐，成形快，结果早。因此，在国外应用广泛。利用副梢整形的苗木，需要较大的营养面积和良好的肥水管理，苗木株行距要适当加大，一般株距不能小于25厘米，行距不能小于60厘米。苗圃整形的效果，还与树种、品种的萌芽力和成枝力有关。柑橘、桃、杏、枣、柿等果树，成枝力和萌芽强，容易圃内整形。梨的大多数品种萌芽力强，但成枝力弱，圃内整形效果一般均不好。苹果品种中红玉、祝光等容易圃内整形，而国光、元帅等品种副梢抽生能力弱，不容易圃内整形。因此，是否进行圃内整形，应根据苗圃条件、管理水平以及果树特性选择采用。在条件不具备的情况下，不能勉强进行圃内整形，以免达不到圃内整形的目的。

(五)土肥水及其他管理

苗木追肥，特别是在苗木生长前期，及时、合理地追肥，对苗木迅速、健壮的生长具有重要作用。追肥时期可根据嫁接时期和育苗要求决定。夏季芽接苗，要求当年成苗出圃，需肥量大，应于接芽萌发前或第二次剪砧后立即追肥1次，以后每隔15～20天追肥1次。秋季芽接苗或春季嫁接苗，可于早春接芽萌发前，以及4月、5月、6月各追肥1次，以后再根据苗圃肥力及苗木生长状况，于苗木生长后期再追肥1～2次，如土肥苗壮亦可不进行追肥，或结合病虫害防治进行根外追肥。苗木追肥以氮肥为主，并结合施一些磷、钾肥。苗木生长前期多施氮肥，后期应偏重磷、钾肥。施肥方法，以土壤施肥为主，亦可配合根外追肥。生产上常用的土壤施肥方法是，沿苗行挖浅沟，将肥料均匀撒施于沟内覆土后，随即浇水1次。根外追肥又称叶面喷肥，具有用肥量少，发挥作用快和简便易行的优点。

但吸肥强度和速率与叶龄、肥料成分及溶液浓度有关。幼叶大于老叶，叶背面大于叶正面。根外追肥最适温度为 18℃～25℃，湿度较大效果较好。喷布时间于夏季或早秋时，最好在上午 10 时以前或下午 4 时以后，以免因气温高，使溶液很快浓缩，这既影响叶片吸收又易发生药害。因此，在根外追肥时，要选择适宜的时间，并采用小型喷药机具，均匀周到地喷施，尤其要注意对幼叶和叶背面的喷施。另外，最好在喷布之前，先做小型试验，确定不会引起肥害时，再进行大面积喷施。苗木的施肥量因肥料种类、土壤肥力以及苗木生长状况不同而不同，一般情况下每 667 平方米每次可施尿素或氮磷钾复合肥 6～7 千克，或硫酸铵 15～17 千克，或腐熟人粪尿 250 千克。根外追肥时，常用的肥料种类和使用浓度为：腐熟人尿 10%，硫酸铵 0.2%，尿素 0.3%～0.5%，过磷酸钙 1%～3%，磷酸二氢钾 0.3%，硫酸钾 0.3%。

在春季多雨季节，要注意清沟排渍，做到雨住沟干。夏秋干旱时要及时浇水，每次浇水务必浇深浇透。在苗木生长期，还要经常中耕除草，使苗圃经常保持疏松、湿润和无杂草状态。高温干旱季节，最好地面覆草，进行降温保墒。

苗木的病虫害种类较多，应注意学习和掌握主要病虫害的识别特征、发生发展规律和防治方法，并贯彻“预防为主、综合防治”的原则。对一些常对苗木造成严重危害的病虫，如金龟子、蚜虫类、螨类、介壳虫类、刺蛾类、梨网蝽、叶蝉、凤蝶、潜叶蛾，以及白粉病、梨锈病、桃细菌性穿孔病等，要经常检查，及时防治。同时，在使用农药防治某一病虫时，也要注意到，其他病虫害的发生和兼治问题。对检疫性病虫害和杂草更要严加注意，一旦发现，必须按我国植物检疫有关法规进行处理。另外，在寒冷季节，对露地越冬，易受冻害的苗木，还要注意进行根际培土、覆草或塑料薄膜覆盖等防寒措施。

思考题

1. 果树为什么要用嫁接繁殖?

2. 芽接愈合过程分为几个阶段?

3. 什么叫嫁接亲和力?影响嫁接亲和力的因素有哪些?

4. 在有嫁接亲和力的嫁接组合中,有哪些因素影响嫁接成活率?

5. 何谓砧木?它对果树生产有何作用?

6. 砧木的类型和利用方式有哪几种?优良砧木的选择条件有哪些?

7. 何谓实生砧、自根砧、乔化砧、矮化砧、本砧、中间砧、干砧和基砧?举例说明。

8. 何为接穗?怎样选择和采集接穗?

9. 怎样贮藏和运输接穗?

10. 蜡封处理接穗有何作用?怎样进行蜡封处理?

11. 什么叫芽接?有何优点?有哪些主要的芽接方法?

12. "T"字形芽接和长方形芽接有何区别?各适用哪些树种?举例说明怎样进行嫁接。

13. 什么叫枝接?生产上常用的枝接方法有哪些?什么时期进行枝接?

14. 怎样检查和判断芽接和枝接是否成活?

15. 哪种嫁接苗需要进行二次剪砧?为什么需要二次剪砧?怎样进行二次剪砧?

16. 什么叫整形苗?培养整形苗有哪些措施和条件?

17. 怎样进行苗木追肥?

18. 通过自学详述3种苗木害虫和3种苗木病害的识别特征、发生规律和防治方法。

第七章　果树苗木出圃

苗木出圃，是育苗工作的最后一道工序。出圃准备工作是否充分，出圃技术运用是否得当，将直接影响苗木质量、栽植成活率以及幼树的生长；出圃工作严重失误甚至会导致整个育苗工作无效。因此，必须加强苗木出圃工作的组织和管理、制定并遵守苗木出圃技术规程，保证苗木出圃质量。

一、苗木出圃前的准备

(一)苗木调查

苗木调查是为掌握苗木的数量和质量，对苗木种类、品种 、各级苗木数量进行核对、调查或抽查。苗木调查的时间一般在苗木出圃前进行。落叶果树苗木以在秋季生长已经停止、落叶之前进行为宜。在生产上，应用较为普遍的苗木调查方法，主要有以下 2 种。

1. 标准行调查法　在调查的苗木生产区中，每隔一定的行数(如每隔 5 行)，选出一行或一垄作为标准行。待标准行选定后，再在标准行上，选出一定长度的有代表性的地段。在选出的地段上，调查苗木的质量和数量。质量标准主要包括测量株高、茎粗、芽和根系的生长发育状况。

2. 标准地块调查法　这种方法适用于大棚、温室及其他各种床式育苗。调查时，在育苗地上按调查要求，从总体内选取一定数量有代表性的典型地块进行调查。所选取的典型地块，要求能代表总体的大多数，每一调查地块的面积以 0.5～1 平方米为宜。

苗木出圃前的调查，是一项十分细致的工作，要求工作人员必须认真负责。选取的标准行或标准地块，在数量和质量上要能代表整个生产区的水平。在苗木调查时，除了按要求调查苗木的质量和数量外，还要调查、核对苗木种类、品种、繁殖方法、繁殖时期、砧木类型等。田间调查完成后，对调查资料进行整理，并填写苗木情况调查表（表 7-1）。

表 7-1　苗木情况调查表

年　月　日

编　号	种　类	品　种	繁殖方法	繁殖日期	砧木类型	苗木数量				备　注
						总　数	一级苗	二级苗	三级苗	

调查者：

（二）制定苗木出圃计划

根据苗木调查结果，以及外来订购苗木情况，制定苗木出圃计划，确定供应单位、数量、运输方法等。并与购苗单位和运输部门密切联系，保证及时装运、转运，以便尽量缩短运输时间，保证苗木质量。有条件的大型苗圃，在苗木出圃之前，还应登载苗木销售广告，派出专门人员广泛进行苗木市场调查和苗木销售服务。

（三）制定苗木出圃操作规程

苗木出圃操作技术规程主要包括：起苗方法和技术要求，苗木分级标准，苗木检疫、消毒方法及要求，包装方式及技术要求，包装材料及质量要求等。

二、挖苗的时期、方法和要求

苗木起挖又叫掘苗，是苗木出圃工序中工作量最大、技术要求最高的一环，也是对苗木质量影响最直接、最主要的一环。挖苗工作中的任何疏忽大意，都会给苗木带来无法弥补的损失。因此，保证苗木出圃质量，就必须首先把好苗木起挖这一关。

（一）苗木起挖时期

苗木起挖的时期，依苗木种类及地区的不同而异。在生产上，大致可分为秋季和春季两个起挖时期。有些种类的苗木，如用竹筐、塑料薄膜袋等材料培育的容器苗，还可根据栽植时期随时起挖。

1. 秋季挖苗 秋季挖苗，要求在新梢停止生长并已充分木质化、顶芽已形成并开始落叶时进行。在同一苗圃，可根据不同苗木停止生长的早迟、栽植时间、运输远近等情况，合理安排挖苗的先后时期。桃、梨等苗木停止生长较早，可先挖；苹果、葡萄等苗木停止生长较晚，可迟挖；急需栽植或远运的苗木也可先挖，就地栽植或翌年春季栽植的苗木可后挖。秋季挖苗，既可避免苗木冬季在田间受冻及鼠、畜危害，又有利于根系伤口的愈合，这对提高苗木栽植成活率，及翌年幼树生长都具有明显的好处。此外，秋季挖苗结合苗圃秋耕作业，还有利于土壤改良和消灭病虫害。挖苗早的地块，如果条件允许还可播种绿肥，提高土壤肥力。秋季挖出的苗木，在冬季温暖的地区，可以在挖苗后及时栽植；在冬季严寒地区，容易因生理干旱造成"抽条"或出现冻害，而降低成活率。因此，需要将挖出的苗木，先进行假植越冬，翌年春季萌芽以前栽植。

2. 春季挖苗 春季挖苗要求在苗木萌芽之前进行。芽萌动后再挖苗，影响栽植成活率。春季挖苗，可省去假植或贮藏等工序。但在冬季严寒、苗木露地越冬容易受到冻害影响的地区，不宜在春季挖苗。在生产上,落叶果树多在秋季挖苗,常绿果树秋季或春季均可挖苗。除了以上2个挖苗时期外,在我国有些地区,还习惯于雨季挖苗。柑橘等一些常绿果树,于雨季随挖随栽效果也很好。用竹筐、塑料薄膜袋或其他容器培育的容器苗,由于在挖苗时,其根部基本上不受损伤。因此,容器苗在我国北方地区,除严寒的冬季以外,春、夏、秋三季都可以起苗出圃;在雨量充沛、气候温暖的南方各地,只要定植方法适当,周年均可挖苗出圃。

(二)苗木起挖的方法

苗木起挖的方法,可分为人工挖苗和机械挖苗2种。

1. 人工挖苗 人工挖苗又分为裸根挖苗和带土挖苗。

(1)裸根挖苗 挖出的苗木不要求根部必须带土。具体操作步骤为:先在行间靠苗木的一侧,距苗木25厘米左右处顺行开沟,再在沟壁下侧挖斜槽,并根据起苗要求的深度切断根系,然后把铁锹插入苗木的另一侧,将苗木推倒在沟中,即可取出苗木。取苗时,不可用猛力勉强将苗木拔出,以免过多地损伤苗木的侧根和须根。取出的苗木也不要抖掉根部上的泥土,轻轻放置沟边即可。裸根挖出的苗木,若需要远运还必须蘸泥浆护根。

(2)带土挖苗 有些常绿果树或少数落叶果树,它们的根系一般不发达,或须根较少,或根系再生能力较弱,这些果树在挖苗栽植后较难成活或"还苗"慢。因此,在挖掘这些树种的苗木时,一般都要求带土起挖。采用高空压条繁殖的苗木,因其根系脆嫩而容易被折断,挖苗时也要求带土。例如,在广东省栽植菠萝、荔枝等果树的高空压条苗时,均要求必须带土挖取,并包扎好泥团。起挖栽植3年以上的大苗时,一般也要求带土挖苗。

带土挖苗时,一般根据苗木大小、树种成活难易、根系分布情况、土壤质地以及运输条件等因素,来决定所带土球的大小。成活较难的,根系分布广的,土球应当大些;土壤砂性或运输条件较差的，所带土球不宜过大，否则土球容易散开，也不便于运输。一般情况下，土球的直径为苗木根际直径的 5～10 倍，土球的高度为土球直径的 2/3 左右。

起苗时，先铲去根际附近 3～5 厘米厚的地表浮土，以便减轻土球不必要的重量，也便于土球的包扎。然后在规定土球大小的外围部分，用铁锹垂直下挖，切断苗木的侧根和须根，达到要求深度后，再向内向下斜挖，使土球呈坛形。在挖掘时如遇到较粗大的根系，不要用铁锹铲根，应该使用修枝剪将根剪断，或用手锯将根锯断，以防止土球因受震动而松散。土球的直径在 40 厘米以上的，当土球周围挖好后，应立即用蒲包、草绳等材料进行包扎。打包的形式和草绳围捆的密度，一般依土球大小、土壤质地和运输条件而定。土球大、土质易松散、运输距离远的，应采用包扎牢固而繁杂的形式，草绳也要捆扎密一些；反之，就可以包扎简单一些，捆扎稀一些。土球的直径在 40 厘米以下者，可以不使用草绳捆扎，仅用蒲包、稻草、麦草或塑料薄膜进行包扎即可。

2. 机械挖苗　随着生产的发展，用起苗犁等机械挖苗的苗圃已开始增多。机械挖苗，能提高工作效率，减轻劳动强度，降低生产成本，挖苗的质量也好，适宜于大型苗圃场采用。

(三)苗木起挖的要求

为了保证苗木的质量，除了适期挖苗、合理选择挖苗方法和按操作要求进行挖苗外，还要注意以下事项。

第一，挖苗前要先做好挖苗准备，对苗木挂牌标明树种、品种、砧木类型、来源、苗龄等。

第二，挖苗时如果土壤过于干燥，应在挖苗前充分浇水 1 次，待土壤稍疏松、干爽后即可挖苗。这样不仅挖苗时省力，而且也可避免挖苗时损伤过多的根系。

第三，1～2 年生小苗，挖苗深度一般要求深达 20～25 厘米，并要求至少保留 15～20 厘米以上长的侧根 3～4 条。挖大苗时，所要求保留的侧根长度和直根长度，可根据苗木根际直径粗细来确定。例如，苗木根际直径 3～5 厘米，侧根与直根的保留长度分别为 40～50 厘米和 30～40 厘米。

第四，苗木起挖和运输过程中，注意不要损伤苗木，尤其要注意圃内整形苗木上的侧枝不能折损。

第五，苗木起挖后，根系不能久晒、冰冻，最好随挖随运随栽。如挖起的苗木不能及时栽植或运出，必须进行覆盖，或就地假植，以防伤害根系。

第六，苗木挖起后，应立即剪除生长不充实的枝梢及病虫危害部分，对损伤的根及枝的伤口用修枝剪剪平，对个别过长的主根及侧根适当短截。常绿果树苗木还要适当剪除部分枝叶。

第七，挖苗要避开大风天气，使用的工具一定要刃口锋利。

三、苗木分级及规格标准

苗木分级应根据规格要求进行。不合规格要求的为等外苗，这类苗木不能出圃，应留在苗圃内继续培养。

一般多根据株高、茎粗以及根系状况进行分级。也可以根据栽培特点、栽培目的和育苗方式，提出不同的苗木分级标准或分级要求。例如，嫁接苗要求接合部愈合良好，砧桩剪除，剪口环状愈合或完全愈合；矮化中间砧苗木，中间砧要求有一定的长度；圃内整形苗要有一定的侧枝数；整形带要有一定的饱满芽数等。

果树苗木一般可分为 3 级。1、2 级苗为合格苗，可以出圃栽植。3 级苗为弱苗或称为等外苗，不能直接出圃栽植，应留在圃内继续培育。其他一些在挖苗时严重受损伤或没有培养前途的苗木，在选苗分级时应作为废苗剔除。果树合格苗木的基本条件是：品种纯正，砧木类型正确，地上部枝条健壮、充实，具有一定的高度和粗度，芽体饱满；根系发达，须根多，断根少；无严重的病虫害及机械伤；嫁接苗的接合部愈合良好。现将主要果树苗木出圃规格列于表 7-2，以供参考。

表 7-2 主要果树苗木出圃规格标准 （资料汇总）

树种		等级	苗高（厘米）	干茎（厘米）	主侧根 数量（条）	主侧根 长度（厘米）	主侧根 粗度（厘米）	备注
苹果	实生砧	1	> 120	> 1.2	> 5	> 20	> 0.45	1. 苗高指地面至嫁接品种茎先端芽基部的距离； 2. 干径指品种接口以上 10 厘米处的直径； 3. 主侧根数量是指实生砧主根或营养系自根砧地下基段直接长出的主侧根数； 4. 主侧根长度指主侧根基部至其先端的距离； 5. 主侧根粗度指主侧根基部 2 厘米处的直径； 6. 矮化中间砧苹果苗，中间砧段长度20～35 厘米，但同一苗圃的变幅不应超过 5 厘米； 7. 嫁接苗，接合部愈合良好，砧桩剪除，剪口环状愈合或完全愈合
		2	> 100	> 1.0	> 4	> 15	> 0.35	
	营养系矮化砧	1	> 120	> 1.0	> 15	> 20	> 0.25	
		2	> 100	> 0.8	> 15	> 15	> 0.20	
	矮化中间砧	1	> 120	> 0.8	> 5	> 20	> 0.45	
		2	> 100	> 0.7	> 4	> 15	> 0.35	
柑橘类	橙类	1	> 80	> 0.8	> 4	> 20	> 0.35	
		2	> 60	> 0.8	> 3	> 15	> 0.30	
	宽皮柑橘类	1	> 70	> 0.8	> 4	> 20	> 0.35	
		2	> 50	> 0.8	> 3	> 15	> 0.30	
	柚类	1	> 100	> 1.5	> 4	> 20	> 0.35	
		2	> 80	> 1.0	> 3	> 15	> 0.30	
	柠檬类	1	> 100	> 1.5	> 4	> 20	> 0.35	
		2	> 80	> 1.0	> 3	> 15	> 0.30	
	金柑类	1	> 50	> 0.5	> 4	> 15	> 0.30	
		2	> 30	> 0.5	> 3	> 15	> 0.30	
梨		1	> 120	> 1.2	> 4	> 20	> 0.45	
		2	> 100	> 1.0	> 3	> 15	> 0.35	
桃		1	> 100	> 1.0	> 5	> 20	> 0.35	
		2	> 80	> 0.8	> 4	> 15	> 0.30	
葡萄		1	> 60	> 0.8	> 5	> 15	> 0.30	
		2	> 50	> 0.6	> 4	> 15	> 0.30	
板栗		1	> 120	> 1.2	> 5	> 20	> 0.45	
		2	> 100	> 1.0	> 4	> 15	> 0.35	
核桃		1	> 120	> 1.2	> 5	> 20	> 0.45	
		2	> 100	> 1.0	> 4	> 15	> 0.35	
荔枝		1	> 60	> 1.5	> 5	> 20	> 0.35	
		2	> 45	> 1.0	> 4	> 15	> 0.30	
杧果		1	> 80	> 1.5	> 5	> 20	> 0.35	
		2	> 60	> 1.0	> 4	> 15	> 0.30	

四、苗木检疫

(一)苗木检疫的作用和意义

果树苗木检疫,是国家以法律手段和行政措施,防止人为传播危险性病、虫、杂草等有害生物的一项重要措施。大量事实证明,许多有害生物,包括各种植物病原物以及有关的传病媒介、植食性昆虫、螨类和软体动物、对植物有害的杂草等,可以通过各种人为因素,特别是通过调运种苗等途径,进行远距离传播和大范围扩散。这些有害生物一旦传入新区,如果条件适宜,就能生存、繁衍,甚至造成严重危害,留下无穷的后患。

在我国由于检疫失误,而造成巨大损失的事例不为鲜见。在果树植物中,从国外传入的危险性病虫害有,葡萄霜霉病、葡萄白粉病、柑橘裂皮病、柑橘碎叶病、柑橘衰退病、油橄榄肿瘤病、根瘤蚜、美国白蛾、苹果绵蚜、柑橘吹绵蚧等多种,以及毒麦、假高粱等危险性杂草。这些有害生物不仅在过去,而且至今仍是我国果树生产的严重灾害。

随着人类生产活动和贸易交往的发展,从国外或其他地区引进果树种子、苗木等繁殖材料不断增加,因而人为传播植物病、虫、杂草等有害生物的危险性也更为突出;而且由于现代化交通工具的使用,使得人为传播病、虫、杂草等有害生物,比以往任何时候都更加容易、更加迅速。因此,在当今社会,通过对果树植物种苗的检疫来防止危险性病、虫、杂草的人为传播,比以往也就更加困难、更加重要。

(二)检疫对象和有害病虫

我国植物检疫法规中所提的检疫对象,是指经国家有关植检部门科学审定、并明文规定,要采取检疫措施禁止传入的某些植物病、虫、杂草。它们是一些危险性大,能随植物及其产品传播,国内(或本地)尚无发生或虽有发生但分布不广,并且正在积极防治、扑灭的危险性病、虫、杂草。植物检疫对象分为 2 个不同的等级:一是国家植检法规中规定的检疫对象;二是各省、市、自治区补充规定的检疫对象。国家规定的检疫对象包括进口植物检疫对象和国内植物检疫对象。进口植物检疫对象是指国家规定不准入境的病、虫、杂草,其名单由农业部公布;国内植物检疫对象系指在国家有关部门(农业部或林业部)发布的植检法规中,所规定的国内植物及其产品移动中必须检疫的某些危险性病、虫、杂草。其名单属农业植物的(其中包括园艺植物)有害生物由农业部公布;属森林植物的(其中也包括一些果树和观赏花木)由林业部公布。各省、市、自治区补充规定的检疫对象,是根据本地区安全生产的需要,在各地植检法规中所规定的不准传入的危险性病、虫、杂草。

应检病虫是指对外签订有关协定、协议、贸易合同中,规定检疫的和出口单位申请检疫的病虫。例如,我国与罗马尼亚两国政府签订的植物检疫和植物保护协定中,规定的应检病虫有榆枯萎病、松疱锈病、栗疫病等。应检病虫一般只限于在植物检疫证书上使用。多数国家一般也不强调它与检疫病虫的区别,至多根据两者的重要性分为一类和二类。我国则在中华人民共和国进出口动植物检疫条例第一章第三条中,规定了植物危险性病、虫、杂草以及其他有害生物(统称病虫),分为检疫对象和应检病虫。我国为了扩大检疫的保护面,除了对检疫对象和应检病虫进行针对性检疫以外,对其他危险性病虫也要求进行检疫和参照有关的检疫规定处理。

目前，我国进口果树植物检疫对象共计 18 种，其中昆虫类有：椰心叶岬、地中海实蝇、苹果实蝇、苹果蠹蛾、蜜柑大实蝇、葡萄根瘤蚜、杧果果肉象岬、杧果果核象岬、美国白蛾、咖啡果小蠹；线虫类有：香蕉穿孔线虫、椰子红环腐线虫；真菌类有：柑橘干枯病、栗疫病、咖啡美洲叶斑病；细菌类有：梨火疫病；病毒类有：椰子致死黄化病、可可肿枝病。另外，五角菟丝子、假高粱、毒麦等 3 种危险性杂草也属于进口植物检疫对象。国内果树植物检疫对象有：柑橘黄龙病、美国白蛾、葡萄根瘤蚜、苹果蠹蛾、苹果绵蚜、柑橘大实蝇、柑橘溃疡病等 7 种。

随着国内外疫情的变化，人们对检疫对象认识的深化，生产及科技水平的发展和提高，检疫对象名单将需要定期或不定期的修订和补充。在进行苗木检疫时，要及时掌握检疫对象名单颁布、修订的情况，准确、有效地对苗木进行检疫。

(三)苗木检疫的主要措施

像通常植物检疫一样，苗木检疫不是一个单项的措施，而是由一系列措施所构成的综合管理体系。其管理措施有：划分疫区和保护区、建立无检疫对象的种苗繁育基地、产地检疫、调运检疫、邮寄物品检疫、从国外引进种苗等繁殖材料的审批和引进后的隔离试种检疫等。这些措施贯彻于苗木生产、流通和使用的全过程，它既包括对检疫病虫的管理，也包括对检疫病虫的载体及应检物品流通的管理，也包括对与苗木检疫有关的人员的管理。从果树植物繁殖的任务来看，以上措施与其直接相关的主要有产地检疫和调运检疫。

1. 产地检疫 通常所说的产地检疫，主要是指植检人员对申请检疫的单位或个人的种子、苗木等繁殖材料，在原产地所进行的检查、检验和除害处理，以及根据检查和处理结果作出的评审意见。其主要目的是，查清种苗产地检疫对象的种类，危害情况以及它们的发生、发展情况，并根据情况采取积极的除害处理，把检疫对象消灭在种苗生长期间或在调运之前。经产地检疫确认，没有检疫对象和应检病虫的种子、苗木或其他繁殖材料，发给产地检疫合格证。在调运时不再进行检疫，而凭产地检疫合格证直接换取植物检疫证书。不合格者，不发产地检疫合格证，不能作种用外调。

产地检疫的具体做法和要求是，种苗生产单位或个人事先应向所在地的植检机关申报，并填写申请表，然后植检机关再根据不同的植物种类、不同的病虫对象等，决定产地检疫的时间和次数。如果是建立新的种苗基地，则在基地的地址选择、所用种子、苗木繁殖材料以及非繁殖材料（如土壤、防风林等）的选取和消毒处理等方面，都应按植检法规的规定和植检人员的指导进行。

植检人员在进行产地检疫时，先进行田间调查，必要时还要进行室内检验或鉴定。检查和检验时，要注意取样的代表性和要有足够的取样数量。有时，可采用全田逐行逐株普查的办法。对检出有检疫对象或应检病虫的，应就地处理；凡能通过消毒或灭虫处理达到除害目的的，进行消毒或灭虫处理，处理后复检合格的，可发给产地检疫合格证；对无法进行消毒、灭虫等除害处理，或处理后复检不合格的，不能发给产地检疫合格证，不能外运。

迄今我国已制定并由国家标准局颁布了，包括柑橘、苹果、马铃薯、甘薯等园艺植物在内的 7 种作物的种苗产地检疫规程。各地在进行果树植物苗木生产时，应该认真执行。

2. 调运检疫　也称为关卡检疫，主要是指对种苗等繁殖材料以及其他应检物品，在调离原产地之前、调运途中以及到达新的种植地之后，根据国家和地方政府颁布的检疫法规，由植物检疫人员对其进行的检疫检验和验后处理。按其职责、任务，分为对外检疫和国内检疫。调运检疫与产地检疫的关系至为密切，产地检疫能有效地为调运检疫减少疫情，调运检疫又促使一些生产者主动采取产地检疫。调运检疫时一般要求按以下程序进行。

(1)准备工作　审核受理报检单，查询种苗情况和资料，分析疫情，明确检疫要求，准备检疫工具，并确定检疫的时间、地点和方法。

(2)现场检疫　检查货单、货物是否相符，核对货物名称、数量和来源，对苗木、接穗、插条等繁殖材料，按总量的5%～10%抽取样品，对抽取的样品逐根、逐株进行检查。

(3)室内检疫　对代表样品和病、虫、杂草材料，按病原物和害虫的生物学特性、传播方式，采取相应的检疫检验方法，进行检验和鉴定。

(4)评定与签证　现场检疫和室内检验结束后，按照国家植物检疫法令、植物检疫双边协定和对外贸易合同条款等规定，作出正确的检疫结论，并分别签发检疫放行单或加盖放行章、检疫处理通知单和检验证书等有关单证。

五、苗木的消毒、包装和运输

(一)苗木的消毒

苗木挖起后，经选苗分级、检疫检验，除对有检疫对象和应检病虫的苗木，必须按国家植物检疫法令、植物检疫双边协定和贸易合同条款等规定，进行消毒、灭虫或销毁处理外，对其他苗木也应进行消毒灭虫处理。在生产上，常用的消毒方法有以下几种。

1. 热水处理　这种方法能够除治各种有害生物，包括线虫、病菌以及一些螨类和昆虫。热水处理时，要注意所采用的温度与时间的组合，必须既能杀死有害生物，又不能超出处理材料的忍受范围。当温度接近有害生物致死点与寄主受损开始点之间时，必须精确控制水温。在大部分情况下，还需留有使所有材料升至处理温度的时间，并确保每一植物材料内部达到所要求的温度。

联合国粮食和农业组织编著的《国际植物检疫处理手册》中，列举了几十种用热水处理防治有害生物的实例，现选择一些与果树植物繁殖有关的列于表 7-3 中，供各地参考。

表 7-3　繁殖材料的热水处理

材　料	有害生物	温度(℃)	时间(分钟)
葡萄苗木	根瘤蚜	54.4	3
酸橙苗木	柑橘根线虫	45.0	25
葡萄属	根结线虫、根腐线虫	47.8	30
草莓葡萄茎苗	螨类和蚜虫	46.0	25

2. 药剂浸渍或喷洒　常用的药剂可分为杀菌剂和杀虫剂 2 类。杀菌剂是一类对真菌或细菌具有抑制或杀灭作用的有毒物质。常见的药剂有石硫合剂、波尔多液、代森锌、退菌特、甲基托布津、多菌灵等。例如，在落叶果树苗木消毒时，可用 3～5 波美度石硫合剂喷洒或浸苗 10～20 分钟，然后用清水冲洗根部。苗木或种子数量较少时，用 1∶1∶100 波尔多液浸渍 10～20 分钟，再用清水冲洗根部。对柑橘苗，为了防止溃疡病和黄龙病在无病区或新区扩大蔓延，可用 700 单位/毫升的链霉素＋1％乙醇浸泡30～60 分钟，或用 0.3％的硫酸亚铁液浸苗 10 分钟。对柑橘苗圃所用的接穗，我国国家标准局颁发的柑橘苗木产地检疫规程中，规定必须进行以下药剂处理：把接穗芽条置于 1 000 单位/毫升的盐酸四环素液中浸 2.5 小时；取出晾干或用草纸吸干接穗上的水分后，再置于 50％苯来特或 50％多菌灵 1∶800～1 000 的药液中浸20～30 分钟，取出静置 20～30 分钟，再用清水冲洗；晾干或吸干接穗上的水分后，再置于 700 单位/毫升硫酸链霉素和 1％乙醇的混合液中浸 30 分钟，取出后静置 20～30 分钟，清水冲洗，晾干表面水分，包装备用。

杀虫剂的种类较多，有些是无机杀虫剂，如硫黄制剂；有些是有机杀虫剂，如除虫菊、石油乳剂、有机氯杀虫剂、有机磷杀虫剂、氨基甲酸酯杀虫剂等；还有些是专门用来防治植食性螨类的杀螨剂。在使用时，可根据防治对象进行选择。例如，防治梨圆蚧，可对苗木喷洒5%柴油乳剂或3～5波美度石硫合剂。

3. 药剂熏蒸　药剂熏蒸就是在密闭的条件下，利用熏蒸药剂气化后的有毒气体，杀灭种子、苗木等繁殖材料，以及土壤、包装等非繁殖材料中的害虫的处理方法。由于施药费用较低，施药方法简便，而且能够彻底杀灭处于任何发育阶段的害虫。因此，是当前苗木消毒中最常用的方法。熏蒸杀虫灭菌应用的范围很广，种子、苗木、接穗、插条、块茎、球茎、鳞茎、根等繁殖材料，以及土壤、包装材料等非繁殖材料均可应用。药剂熏蒸的方式：有常压熏蒸和真空（减压）熏蒸。前者用于除治苗木表面害虫，后者用于除治植物内部取食的害虫。对某些娇嫩植物不能采用真空熏蒸。熏蒸剂的种类很多，通常用于苗木消毒的药剂是溴甲烷。

溴甲烷是一种无色、无味、不燃烧的熏蒸剂。其渗透性能优良，扩散迅速，一般不对植物产生药害，并且对多种果树植物害虫的各个虫态都有强烈的毒杀作用。对真菌、线虫、螨类也具有毒效。溴甲烷熏蒸，对常绿、落叶树木的幼苗一般都比较安全。对柑橘类含有芳香油植物的接穗、插条、苗木，必须将全部或部分叶片剪去，枝条上下切口以溶解蜂蜡或石蜡涂封后，才能进行熏蒸。

药剂熏蒸是一项技术性很强的工作，使用的熏蒸剂，对人都有很强的毒性。工作人员必须认真遵守操作规程，要特别注意安全，以免中毒事故的发生。

（二）苗木的包装和运输

苗木挖起后，其根系如果曝于阳光之下，或被风长时间吹袭，会大大降低苗木的质量，这不仅降低苗木栽植的成活率，还影响苗木栽植后的生长。因此，为了使出圃苗木的根系在挖起后不致失水和被折断，并保护苗木的树体（特别是嫁接苗）不受机械损伤，在苗木挖起后运输前，必须根据具体情况，对其进行适当的包装。

长距离（时间达 1 天以上）运输要求细致包装。国内苗木调运时，包装材料可就地取材，一般以价廉、质轻、坚韧并能吸水保湿，而又不致迅速霉烂、发热破散者为好，如草帘、草袋、蒲包、谷草束等。填充物可用碎稻草、碎颖壳以及锯末、苔藓等。绑缚材料可用草绳、麻绳等。包装小苗时，将苗木根对根摆放在草帘上，苗根之间放一些湿润的填充物，然后捆好成包。大苗包装时根系则向一侧，用草帘将根包住，其内加湿润的填充物，包裹之后用草绳或麻绳捆绑。用谷草束包装时，先将浸过水的谷草束，向四周均匀分开平放在地上呈圆盘状，再把湿润的填充物铺在草盘中央，将成捆的苗木立放在中间，然后把四周湿谷草包裹上来，并用绳捆绑好。每包苗木的株数以苗木大小而定，一般为 50～100 株。包装好后挂上标签，注明树种、品种、数量和等级等。

国际间调运苗木时，包装要求更加细致和周到，并且必须符合运输条件的要求，因此一般需要装箱包装。具体操作方法是：在已经制好的木箱或瓦楞纸箱内，先在箱底及四周铺以塑料薄膜，并在薄膜上铺一层湿润的填充物（如蛭石、珍珠岩等），再把苗木分层摆好，苗根之间放一些湿润的填充物，在最后一层苗木放好后，再在上面覆盖一层填充物和薄膜即可封箱。在空运条件下，如果运输时间较短，也可将苗木装入塑料薄膜袋中（苗根间加些保湿物），再装入纸箱待运，效果也很好。装箱工作完成之后，也要按要求挂标签，或在箱上注明树种、品种、砧木类型、等级、数量以及苗圃名称等。

短距离（如 1 天以内）运输的苗木，一般只进行简单包装。把苗木散入放在篓筐或木箱中，在筐（箱）底铺以塑料薄膜并放一层湿润物，再将苗木分层平放或立放在铺垫物上，并在根间放些湿润填充物，将筐（箱）装满后，最后在苗木上放一层湿润物即可。

带土球的大苗，应单株包装。一般根据苗木所带土球的大小，采用草绳、蒲包、草袋、塑料袋或谷草束进行包装。树种珍贵，树体较大的带土球苗，还可进行双料包装。具体做法是，将已用以上材料包装好的带土球苗，再稳固地放入已经准备好的篓筐或木箱中，然后用草绳将苗干与筐（箱）沿固定在一起，土球与筐（箱）中的空隙，要用保湿的材料（也可用细湿土）填满压实，使土球苗在筐（箱）中不摇不晃，稳固平衡。装卸时要搬抬筐（箱），以保护土球完好。为了保证珍贵苗木，在运输中不损伤完整的树姿和树形，在包装时还应对有主尖的苗木，顺苗立一支柱，将苗干及苗梢捆绑在支柱上，以保证苗尖不受损伤。树冠也应用草绳轻轻绕缚，以防碰毁主枝影响树形。

容器苗，在运输前一般也要进行包装，有些容器如营养块、纸袋和稻草泥浆杯等，不抗压、不抗挤、易松散。因此，需要单株包装后，再装筐或装箱运输。有些容器如塑料薄膜袋、硬质聚乙烯塑料杯等，一般都较抗压、抗挤，也不易松散，则可以直接装筐或装箱运输。

目前，国内外广泛推广使用聚乙烯塑料薄膜袋进行苗木包装。这种方法不仅可以减少苗木体内水分散失，有利于栽后成活和幼苗生长，还可以减轻苗木包装重量，缩小包装体积，更便于运输。但要注意用塑料袋包装的苗木，不能在阳光下直接曝晒，以免灼伤苗木。另外，在英国、瑞典、美国以及加拿大等国，种苗商采用特制的冷藏车运输裸根苗，效率高，效果好。美国的冷藏运苗车，车内温度为 1℃，空气相对湿度为 100％，一次可运苗 6 万株。

运输苗木时，为了防止苗木失水，宜用草帘、麻袋、塑料薄膜之类的东西盖在苗木上，如果运输时间长，在途中要勤检查包装内的温度和湿度，如发现温度过高，要把包装打开通风，并更换填充物以防损伤苗木。如发现湿度不够，可适当喷水。为了缩短运输时间，最好选用速度快的运输工具。苗木到达目的地后，要立即将苗木进行假植，并充分浇水。如因运输时间长，苗木过分失水时，应先将苗木根部在清水中浸泡 1 昼夜后，再进行假植或定植。

六、苗木的假植、防冻和贮藏

（一）苗木的假植和防冻

苗木挖起后定植前，为了防止因过分失水，影响苗木的质量，而将其根部及部分植株用湿润的土壤，或河砂进行暂时的埋植处理，称为假植。假植分为临时假植和越冬假植。因苗木不能及时外运或栽植，而进行的短期埋植护根处理，叫临时假植。因其时间较短，也叫短期假植。苗木挖起后，进行埋植越冬，翌年春季外运或定植的假植，叫越冬假植，也称为长期假植。

假植区，应选择避风、高燥、平坦的地点，最好尽量接近苗圃干道。低洼积水地，不宜选用，以防冬季冻害及引起伤口、苗干下部和根系的腐烂。

临时假植可挖浅沟，一般深、宽各为 30～40 厘米，将苗木成束排列在沟壁上，再用湿润的土壤，将其根部及部分植株埋在地面以下即可。越冬假植时，假植沟的深、宽依苗木大小而定，沟深一般为 50～80 厘米，沟宽 100 厘米左右，沟长视苗木数量而定。最好南北延长开沟，苗木向南倾斜，单株排列，根部用湿润清洁的河砂或砂土填充。嫁接苗培土高达苗高的 1/3，严寒地区要求培土到达定干高度(70 厘米以上)。实生苗一般较矮小者，可全部埋入砂土。沟面应覆土高出地面 10～15 厘米，并加以整平以利于排水。假植时，应分次覆土，以便使根系和土壤充分密接。土壤干燥时，还应适量浇水，以免根系受冻或干旱。

假植苗应按不同树种、品种、砧木、级别等，分段分开假植，严防混乱。苗木假植后,对假植沟应编顺序号,并插立标牌,写明树种、品种、砧木、级别、数量、假植日期等,同时还要绘制假植图,以防标牌遗失时便于查对。在假植区的周围,应设置排水沟,排除雨水及雪水,同时还应注意防除畜、鼠危害。

在严寒地区假植苗木,或者在假植耐寒性差的苗木时,防冻作业是保护假植苗木安全越冬的一项必备措施。常用的防冻方法有:埋土防冻、风障防冻、覆草防冻以及地窖、室内和塑料大棚防冻等。具体操作时,可根据各地气候、苗木特性选择使用。例如,在长江中下游地区,柑橘苗越冬假植时,多在迎风面设置防风障,并用稻草或秸秆等将苗木的地上部分加以覆盖。

(二)苗木的贮藏

苗木贮藏的目的,是为了更好地保护苗木,推迟苗木的发芽期,延长栽植或销售的时间。苗木贮藏的条件,要求控制温度在0℃～3℃,因为在这样的温度条件下,适于苗木休眠,而不适于腐烂病菌的繁殖;空气相对湿度为85%～90%,要有通气条件。可利用冷藏室、冷藏库、冰窖、地下室和地窖等进行贮藏。只要能控制好上述条件,不论哪种方法,均能得到良好的效果。例如,在温度为0.5℃～1.1℃,空气相对湿度为97%～100%的条件下,苗木可贮藏半年而不影响栽植成活率。

目前,国外生产大量苗木的苗圃和批发大量种苗的种苗商,为了保证苗木周年供应,已采用地上大规模的冷藏库,将裸根挖起的苗木分级消毒后,放在湿度很大、温度低(5℃左右)的无自然光线的冷藏库中,可以延迟发芽半年以上。出售时用冷藏车运输,至零售商处,再栽入容器中于露地进行培养,待恢复生机后,带容器销售。

我国贮藏苗木,多用地窖。例如东北地区,用地窖贮藏树苗,效果很好,既可延迟苗木发芽,又能克服假植苗因受冻而枯梢的缺点。其方法是：选择排水良好的地方做地窖，窖边略倾斜，窖中央设木柱数根，柱上架横梁，搭木椽，盖上 10 厘米厚的秫秸，上面再覆土。窖顶须留有气孔，孔口用木板或草帘覆盖，通过气孔开闭，调节窖内气温。将苗木分层摆放，根部朝向窖壁（距壁 3～5 厘米），并填入清洁湿润的河砂，因根部体积较大，故在苗梢的一侧，用秫秸垫高，如此层层放置，直至窖沿为止。

思考题

1. 怎样进行苗木出圃前调查？
2. 简述苗木起挖的时期和方法。
3. 苗木起挖有哪些要求？
4. 以苹果或柑橘为例，阐述怎样进行苗木分级及其出圃规格标准。
5. 苗木检疫有何作用和意义？
6. 我国进口果树植物检疫对象有哪几种？
7. 我国国内果树植物检疫对象有哪几种？
8. 苗木检疫的措施有哪些？
9. 苗木怎样进行包装运输？
10. 苗木为什么要假植？怎样进行假植？

第八章　主要果树的繁殖技术

一、苹　果

(一)砧木的种类

苹果砧木大约分为两大类型：其一为乔化型，果树嫁接后，成为高大乔木，有独立的主干；其二为矮化型，嫁接后果树成为比较矮小的灌木或小乔木。

1. 乔化砧　目前应用比较广泛的有：山定子、毛山定子、湖北海棠、楸子、西府海棠、三叶海棠、河南海棠以及新疆野苹果等10多种。

(1)山定子　山定子为我国东北、华北山区和西北部分山区常用的苹果砧木。树势强健，高达10余米。果实近球形，横径8～10毫米，红色或黄色。9～10月份成熟。果实出种率为2.2%～2.4%，每千克种子粒数为15万～22万粒。种子后熟期较短，在0℃～2℃条件下，山定子种子砂藏25天，即可通过后熟。本种抗寒性极强，能耐－50℃以下的低温。根系深长，须根特别发达，耐瘠、抗涝，但不耐盐碱，在pH 7.8以上的土壤中容易发生黄叶病，甚至根部腐烂死亡。山定子与苹果品种嫁接亲和力强，嫁接苗生长健壮，结果早，产量高。据青岛果树研究所观察，以山定子为砧木的3～7年生金冠，平均累计株产70.3千克，分别比小海棠砧和花红砧增产22.6%和40.9%。

毛山定子枝叶形态与山定子很相近，惟叶边锯齿较为细钝，叶柄、花梗和萼筒外面具短柔毛，果型稍大，呈椭圆形或倒卵形，可以区别。野外采种时，多与山定子混同，同样可作为苹果的砧木。

(2)湖北海棠　湖北海棠是我国华中、华东、西南等地常用的苹果砧木。树势强健，高 6～8 米，果实球形，横径约为 1 厘米，黄色阳面带红晕，9～10 月份成熟。果实出种率为 1.9%～2.8%，每千克种子粒数为 8 万～12 万粒。种子最适宜的层积天数为 30～50 天。本种有孤雌生殖能力，实生苗生长比较一致，与苹果的嫁接亲和力一般都较好，但类型不同也有差异。据青岛市农业科学研究所观察，泰山海棠与苹果的嫁接亲和力很差。湖北海棠根浅，须根不发达。喜温耐湿，抗白粉病和苹果绵蚜的能力强，也较抗根腐病，是南方发展苹果的优良砧木。本种在湖北省西部有大叶和小叶 2 种类型，大叶型的叶片大，节间长，根皮比率低，与苹果嫁接后树体较高大；小叶型的叶片小，节间短，根皮比率高，与苹果嫁接后地上部有矮化倾向。

(3)楸子　楸子是我国西北、华北以及山东、河南等地最常用的苹果砧木。楸子为小乔木，高达 5～7 米。果实卵圆形，横径2～2.5 厘米，红色或黄色，8～9 月份成熟，出种率为 0.5%～1%，每千克种子粒数为 4 万～6 万粒。最适层积天数为 50～80 天。

楸子与苹果嫁接亲和力强，幼苗枝干光滑，容易剥皮，嫁接成活率高；嫁接树根系发达，抗寒、抗旱、耐涝、耐盐碱，树龄长久，生长和结果都很好。楸子有 2 个变种，其中圆叶海棠为日本的主要苹果砧木，与苹果嫁接亲和力强，易于扦插繁殖，抗旱耐湿，对苹果绵蚜和根头癌肿病也有抵抗力。楸子中有的矮生类型，如崂山柰子与苹果品种嫁接后表现矮化、早果、稳产，而且寿命长。

(4)西府海棠　西府海棠为华北平原地区常用的苹果砧木，在西北及山东等省(区)也用本种作砧木。西府海棠为小乔木，高达3～5 米。果实近球形或扁圆形，横径 1～1.5 厘米，呈红色或黄色，8～9 月份成熟，种子较大，果实出种率为 0.7%～0.9%，每千克种子有 4 万～5 万粒。种子后熟期 40～60 天，幼苗生长快，1 年即可达到芽接粗度。本种树势强，根深，须根较发达。河北的八楞海棠在本种占有重要地位，各地引种分布面广，都认为八楞海棠较抗寒、抗旱、耐涝、耐盐碱，生长快，且抗白粉病。据青岛果树研究所观察，莱芜难咽作苹果砧较耐盐，嫁接后结果早，有一定的矮化作用。河北农大在土壤 pH 7.5～8.5 的条件下试验，莱芜难咽嫁接的金冠，生长健壮，结果早，产量高。莱芜难咽嫁接 M9 为中间砧，成活较差。莱芜难咽除播种繁殖外，还可用根插或枝插繁殖。

(5)三叶海棠　我国西南山区，以及山东、辽宁、湖北等省常用三叶海棠作砧木。三叶海棠为小乔木或灌木，高 2～6 米。果实近球形，横径 0.6～0.8 厘米，呈红色或褐黄色，8～9 月份成熟，出种率为 2.5%，每千克种子约 12 万粒。种子后熟期 40～60 天。本种有红果、黄果 2 个类型。二者生长特性显著不同，红果三叶海棠，生长势强，须根发达，抗涝，抗盐碱能力强。与苹果嫁接，苗木生长势强。黄果三叶海棠，根深，须根少，生长势弱，抗涝，抗盐碱能力弱。与苹果嫁接，苗木生长势弱。三叶海棠与苹果嫁接亲和力一般较好，但易发生上粗下细现象，抗根腐病和白粉病的能力也不如湖北海棠。

(6)河南海棠　河南海棠为小乔木或灌木，高 5～7 米。嫩枝被稀疏绒毛，不久脱落，老枝红褐色无毛。果实近球形，横径约 0.8 厘米，黄红色。8～9 月份成熟，每千克种子 8 万～10 万粒，后熟期为 30～40 天，苗期生长较弱。河南海棠喜阴湿及腐殖质土壤，也能适应干旱的条件，并可孤雌生殖。用作苹果砧木，开始结果早，并有矮化倾向。

(7)其他　包括个别地区采用的砧木，初步试用的砧木和一些特殊用途的砧木。

①新疆野苹果：新疆地区的主要砧木，比较耐寒、抗旱。在西北、华北和北京试作苹果砧木，生长旺盛，与苹果嫁接亲和力强，多数为乔化砧。

②小海棠：又名大鲜果，洋白海棠。系由国外引进，与我国海棠来源不同。山东的烟台、福山、牟平等地使用较多。幼苗生长旺盛，须根较多，抗旱、抗盐，但不抗涝。嫁接的苹果树体比山定子矮小，早期产量也较高。

③花红：据中国科学院南京植物研究所试验，与苹果亲和力强，比一般砧木提前2～3年结果，有一定的矮化作用，可作为南方潮湿多雨地区的苹果砧木。但前西北农业科学研究所的调查材料称：花红易患腐烂病，树势较弱，作为苹果砧木不很适宜。

2. 矮化砧

(1)国外引入的矮化砧　我国先后从英国、波兰、加拿大、美国以及前苏联引入了多种矮化砧，其中重要的有英国整理和选育的M系、MM系，波兰园艺所选育的P系，加拿大的渥太华3号，前苏联米丘林大学选出的Б系以及美国的MAC系和CG系等。经各地区试种和筛选，认为可以应用于我国苹果生产的有以下几种。

①M4：原名霍尔斯坦道生，又名黄色道生或荷兰道生。我国列为半矮化砧。根系分布较浅，根多而粗大。与一般品种嫁接亲和力尚好，与某些品种如伏花皮、凤凰卵和美尔巴等表现不亲和。嫁接树较旺，进入结果期较其他矮化砧晚。耐湿，喜较潮湿土壤，抗旱力较差，较耐瘠薄，较耐寒。压条繁殖容易发根。

②M7：我国列为半矮化砧。根系发达，须根多，分布较深。适应性强，比较抗旱，耐瘠薄，抗寒力较强。与苹果嫁接愈合良好，但有小脚现象，适于嫁接生长势较强的品种。压条繁殖容易发根，繁殖系数高。

③M9：原名黄色梅兹乐园。我国列为矮化砧。根脆，易折断，分根较多，分布较浅。不抗寒，不抗旱，不抗涝，固地性较差。与苹果嫁接愈合尚好，有大脚现象，因木质脆，有折干倒伏现象。M9嫁接树生长矮小，早果性强，连续结果能力强。压条繁殖生根困难，繁殖系数低。

④M26：由 M16×M9 杂交育成，1959 年作为最抗寒砧木推广。我国列为矮化砧。根系较脆，但固地性较好。抗软枝病、花叶病、白粉病；抗旱性较差，不抗绵蚜和颈腐病。嫁接后接口愈合好，有大脚现象。嫁接树矮化程度介于 M9 与 M7 嫁接树之间，比 M9 上的丰产，比 M7 上的结果早。压条繁殖容易生根。

⑤M106：由君袖×Ml 杂交育成。我国列为半矮化砧。根系较发达，固地性较好，较耐瘠薄，比 M9 适应性强，抗涝、抗绵蚜和病毒病，也较抗寒。但易感染颈腐病和白粉病。与元帅嫁接亲和力较差。M106 上嫁接的苹果树，树体大小与 M7 上的相近，结果也较早。繁殖容易，压条或硬枝扦插都容易发根，繁殖系数高。

⑥马克：美国密执安州立大学卡尔逊育成了一批耐寒的矮化砧，统称 MAC 系，马克是其中最好的一个，是从 M9 自然授粉的实生苗中选出的。生长势在 M9 与 M26 之间，压条容易生根，根系好，与许多品种嫁接亲和力强，嫁接的苹果树矮化、早果、丰产、寿命长。土壤适应性广，比 M26 耐寒。

⑦CG24：美国纽约州康乃尔大学从 M8 自然授粉的实生苗中选出 158 个单系。统称 CG 系。其中 CG24 的矮化性相当于 M26，嫁接苹果后丰产，作为中间砧，与基砧和品种三者之间的粗度基本一致。日本 1980 年与 CG80 一起开始推广。

⑧Б9：前苏联米丘林大学布达克夫斯基选出的一批抗寒性强的砧木，统称 Б 系。其 Б9 生长势相当于 M26。嫁接苹果后早果、丰产。但压条生根较差，适宜作中间砧。

(2)我国新发现的矮化砧　我国各地在发掘和利用野生砧木资源中，发现了不少的矮砧类型，目前正在试用于苹果生产。其中苹果属的有崂山柰子（青岛市农业科学研究所）、武乡海棠（山西省果树研究所）、陇东海棠（天水市园艺试验站）、樱桃叶海棠（浙江省园艺科学研究所）、海棠（宁夏农学院）。苹果同科异属的有毛叶水栒子、水栒子（山西农业大学）、牛筋条（云南省园艺科学研究所）。

(3)我国培育的矮化砧

①Cx-3：中国农业科学院果树研究所用 M9×山定子杂交育成。矮化性与 M26 相近，嫁接亲和力优于 M26，抗寒、早果性强。

②77-9-5、77-9-35：中国农业科学院郑州果树研究所用 M9 自然授粉的种子培育选出。矮化性 77-9-5 近于 M26，77-9-35 小于 M26。嫁接富士的早期产量略高于 M26。77-9-5 砧的果实品质显著优于 M26。

③77-34：辽宁果树研究所用 M9×山定子杂交育成。与山定子和富士的嫁接亲和力均高于 M26，比 M7 矮化，砧穗粗度基本一致，早期产量明显高于 M26，抗寒性也比 M26 强。

④S 19：山西省果树研究所从武乡海棠中选出。矮化性比 M7 强，树体约为 M7 的 2/3。与山定子和栽培品种嫁接的亲和力良好，粗度比品种部位略细。比 M7 抗寒。嫁接红星结果早，果实品质明显提高。压条生根困难，适宜作中间砧。

⑤西 13：陕西省果树研究所用海棠花×M8 杂交育成。嫁接红富士，4 年生开花株率为 83.3%。生长势比 M8 强，株产高，固地性强。

另外，还有山西农业大学以祝×M7 杂交育成的晋矮一号，吉林农业大学以小红果×M9 杂交育成的 63-2-19，均有矮化、早果、压条易生根、固地性好、土壤适应性和抗寒能力强的特点。

(二)繁殖技术

1. 乔化砧苹果苗的繁殖

(1)砧木繁殖　苹果乔化砧木可用播种、扦插、分株等多种方法进行繁殖，但在生产上主要采用播种繁殖。种子应从生长健壮、无病虫害的优良母株上采集充分成熟的果实，采果后要经过 7～8 天时间的堆放，待果肉软腐后，即用清水淘洗取种。取出的种子，放在通风处晾干，切忌曝晒。

砧木种子在播种前要求在低温和潮湿条件下，进行层积处理。层积温度一般要求 2℃～7℃；河砂湿度为河砂最大持水量的 50%左右；层积介质除河砂以外，也可选用苔藓、蛭石等；层积时间因砧木种类而异，山定子、湖北海棠、河南海棠为 30～40 天，西府海棠、三叶海棠为 40～60 天，楸子、花红、小海棠为 60～80 天。

播种时期可分为秋播和春播。秋播的种子不必进行层积处理，播种后的种子能在田间通过后熟。在冬季较短而不太严寒，土质条件较好，湿度适宜的地区可行秋播。秋播种子，翌年春季出苗较早，生长期长，苗木生长健壮。秋播应在初冬土壤封冻前进行，适当早播效果更好。长江流域地区在 11 月上旬至 12 月下旬，华北地区为 10 月中旬至 11 月中旬，但是在冬季干旱、风沙大、严寒、土壤黏重以及鸟类、鼠类危害严重的地区则宜春播。春播时间也应适当提早，以增加苗木前期的生长量，有利于当年嫁接。春播时期，在长江流域为 2 月下旬至 3 月下旬，华北、西北地区为 3 月中旬至 4 月上旬，东北地区为 3 月下旬至 4 月上旬。播种方法多采用宽窄行条播，每畦 4 行，紧靠畦的两侧安排两个窄行，形成两条带。窄行距离 15～20 厘米，使两带之间（即宽行）尽量放宽，至少有 60 厘米，以便于嫁接操作。播种时，在整好的畦上开小沟，灌透水，待水渗下后即可往沟里撒种，播后及时盖土并覆草。

播种以后要加强管理，主要工作有揭草、间苗、移植、抹芽、摘心、土肥水管理、防治病虫害以及中耕除草等。在南方多雨季节还要注意清沟排水。这样，砧木苗即可供当年夏秋芽接。

(2)嫁接苗繁殖　苹果嫁接容易成活，在生产上常用的嫁接方法有芽接和枝接。

芽接是苹果苗木繁殖应用最广泛的一种嫁接方法。其主要优点是节省接穗，接口愈合良好，操作简便容易掌握，成活率高，工作效率高，可以嫁接的时期长以及容易补接等。苹果芽接多采用“T”字形芽接或长方形芽接。“T”字形芽接削取芽片时，通常不带木质部。因此，嫁接时期一般要求在形成层细胞分裂旺盛，皮层容易剥离，砧木已达到要求的粗度，接芽也已发育充实时进行。东北、西北、华北地区可在7月上旬至9月上旬，华东、华中地区可在7月中旬至9月中旬，华南和西南地区可在8～9月份进行。长方形芽接(嵌芽接)削取芽片时带木质部，这种方法可以嫁接的时期长，只要砧木达到要求粗度和接芽发育充实，几乎可以周年嫁接，但以3～5月份和9～10月份两个时期的嫁接成活率最高。

苹果枝接繁殖，多采用切接。这种方法与芽接相比，操作较为复杂，适宜的嫁接时期较短，而且用接穗多，砧木也要求较粗。因此，枝接多用于对秋季芽接未成活的砧木，在翌年春季进行补接。枝接时期以早春树液开始流动，芽尚未萌发时为最适宜。在北方苹果产区，多在3月下旬至5月上旬，南方气候温暖，可在2～4月份进行。

苗木嫁接以后，加强管理是培育优质壮苗的重要措施。主要管理工作有：及时检查嫁接成活与补接，适时解绑和剪砧，随时除萌，新梢扶缚，主干摘心，充分追肥，注意排灌以及防治病虫害与中耕除草等。

2. 矮化自根砧苹果苗的繁殖

(1)砧苗的繁殖　矮化自根砧砧苗的繁殖方法有压条繁殖和扦插繁殖。在生产上，我国常用的压条方法有直立压条、水平压条和寄根压条。扦插繁殖虽经一些单位试验，但效果不甚理想。故在生产上应用很少。

直立压条时，按行距2米开沟做垄，沟深、沟宽均为30～40厘米，垄高30厘米，将母株按30～50厘米的株距定植在沟底。定植的当年一般不行压条，应加强管理，保证母株成活和健壮生长。翌年春，芽萌动前将母株留2厘米左右剪截，促使基部发生萌蘖。待萌蘖新梢长到20厘米左右时(约在5月上旬至6月上旬)，开始第一次培土，这次培土高度约为10厘米，宽度约为25厘米。约1个月后，当新梢长到40厘米时，进行第二次培土，这次培土高度约20厘米，宽度约40厘米。一般在培土后20天左右开始生根，6月下旬至8月上旬是压条发根盛期。直立压条繁殖的砧苗一般在当年的秋季或翌年的春季进行分株起苗。

水平压条时，按行距1.5米，株距30～50厘米，并要求顺沟向与沟底呈45°角倾斜定植母株。定植的当年即可水平压条。压条时，在芽开始萌动期，将母株枝梢顶端不充实部分剪掉，然后沿压条方向划2厘米左右的浅沟，将枝条呈水平状态压入浅沟中，并用枝杈加以固定，压好后浅沟覆盖疏松沃土。待新梢生长高度达15～20厘米和25～30厘米时，分别进行2次培土。培土、分株和起苗的时期和方法可参照直立压条进行。

寄根压条法是一种采用嫁接和压条相结合的快速繁殖方法。此法是先将矮化砧嫁接在实生砧木上，培育成1年生寄根矮化砧苗，待矮化砧长出新梢后再按上述压条法进行水平压条或直立压条。采用这种方法要注意及时除掉寄根砧萌蘖，以防混淆。

(2)嫁接苗繁殖　矮化自根砧与苹果品种嫁接的成活率一般都较高，嫁接苗的生长势也较好。其嫁接方法、时期以及嫁接后的管理，均可参照一般实生乔化砧苹果嫁接苗的操作要求进行。但在嫁接矮化自根砧苹果苗时，为了防止因嫁接部位较低，导致接穗生根而降低矮化效应，要求在嫁接时适当提高嫁接部位，以距地表15～20厘米为宜。

3. 矮化中间砧苹果苗的繁殖

(1)砧苗的繁殖　矮化中间砧苹果苗是由基砧、中间砧和苹果品种3部分组成的。在生产上，繁殖矮化中间砧苹果苗的方式主要有2种，一种方式是：先选择和培育适应当地风土条件的实生乔化砧作基砧(如山定子、楸子、西府海棠等)，然后以矮化砧种条为接穗，嫁接在基砧上，培育成矮化中间砧砧苗，再在矮化中间砧砧苗上嫁接苹果品种；另一种方式是：先将苹果品种的芽或枝嫁接在矮化砧种条上，再将带有苹果品种芽或枝的中间砧嫁接在已育成的基砧上。因此,矮化中间砧砧苗的繁殖应包括基砧苗的繁殖、中间砧种条的繁殖以及矮化中间砧砧苗的繁殖。

繁殖基砧苗与繁殖实生乔化砧砧苗的方法基本相同或完全相同,但为了提高嫁接率、嫁接成活率以及为中间砧砧苗和果苗的健壮生长奠定基础,对基砧苗的质量有更高的要求。因此,在培育基砧苗时,除了注意选择适宜的砧木种类,对苗圃地深翻,多施有机肥和重视播种质量外,还要特别注意加强苗木早期的肥水供应。矮化砧种条的繁殖,可采用压条繁殖,或结合育苗在剪砧时采集种条。在生产上,为了加快矮化砧种条繁殖的速度和提高种条的质量,还可采用高接换头或幼树平茬枝接,并结合保护地栽培等繁殖技术。培育矮化中间砧砧苗的嫁接方法,可参照乔化砧苹果嫁接苗的方法和操作要求进行。其他各项田间管理措施要及时。注意抹除基砧上的萌蘖,加强肥水管理和病虫害防治,以延长中间砧砧苗的生长期,达到生长充实健壮,以利于苹果品种的提早嫁接和生长。

(2)果苗的繁殖　矮化中间砧苹果苗的繁殖方法,目前在生产上常用的有以下几种。

①夏季芽接:上一年秋季基砧上芽接的矮化砧芽,春季剪砧,矮化砧芽萌发生长,于 6～7 月份时,在要求中间砧长度(20～35 厘米)的地方芽接苹果品种。接好后,随即摘除中间砧苗的顶芽,使其充实、加粗,有利于接芽的成活。接芽成活后 7～10 天,在品种接芽上端 2～3 厘米处将砧梢折倒在接芽的反面,也可于接芽上方留 3～4 片叶剪去砧梢。待接芽抽发的新梢达 15 厘米左右时,再把接芽上端的砧梢全部剪去。这种方法繁殖的果苗,于当年秋季可成苗出圃。

②秋初枝接:夏末秋初(8～9 月份),在春季剪砧成长的矮化中间砧砧苗约 40 厘米高度处,用皮下枝接的方法嫁接苹果品种的新梢。接穗梢长 4～5 节,留叶柄去叶片,新梢接穗顶端用接蜡或

凡士林油涂封。接后15天左右萌发二次梢，当年可形成具有2～3个分枝的矮化中间砧嫁接苗(图8-1)。

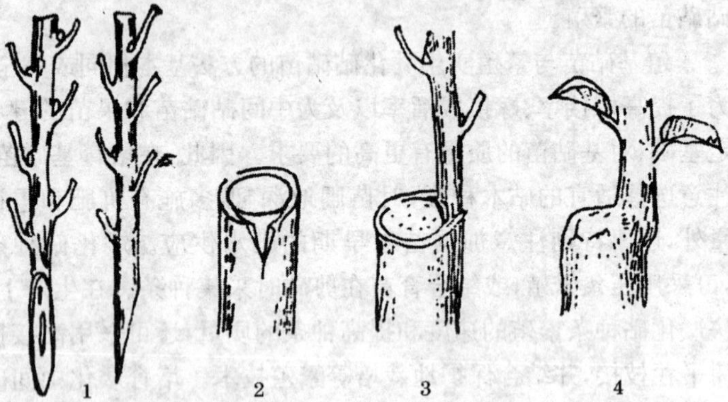

图8-1　秋初枝接　(邢卫兵等《果树育苗》,1991)

1. 削接穗　2. 砧木开口　3. 插接穗　4. 嫁接成活后

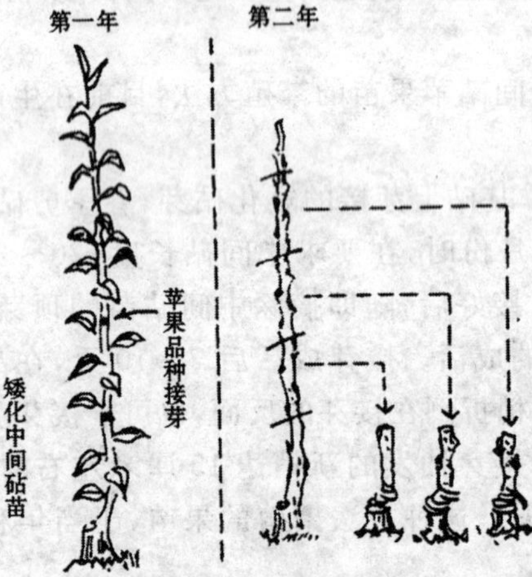

图8-2　分段嫁接

(邢卫兵等《果树育苗》,1991)

③分段嫁接：秋季在矮化中间砧砧苗上，每隔25厘米左右分段芽接一个苹果品种接芽，翌年春在矮化中间砧砧苗上，除留下最后1个品种芽外，其余的从品种芽上部分段剪截，每段枝条顶端有1个成活的品种接芽。将枝段顶端蜡封后，枝接在实生乔化砧苗上，秋季成苗出圃(图8-2)。

④双芽靠接：第一年秋季在实生基砧近地面处嫁接1个苹果品种芽，在其

对侧上方，再接 1 个矮化砧的芽。翌年春剪砧，两个接芽分别萌发生长。夏季进行靠接。靠接的部位要使留有的中间砧长度为20～35厘米。靠接成活后，分别剪去中间砧的上段和品种新梢的下段。这种方法，从培育实生基砧开始，可在 2 年育成矮化中间砧苹果苗（图 8-3）。

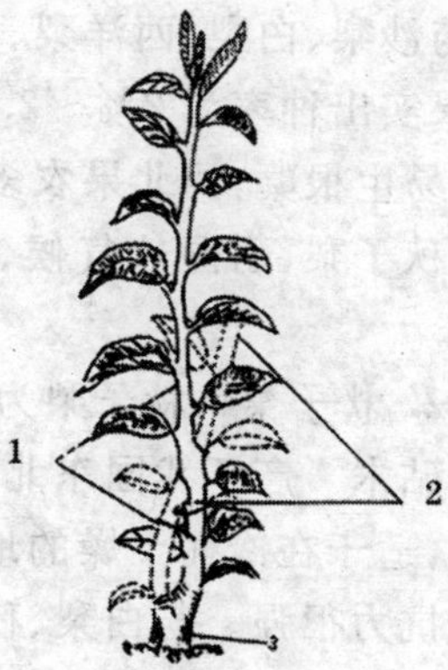

图 8-3　双芽靠接

（邢卫兵等《果树育苗》，1991）

1. 苹果品种　2. 中间砧　3. 基砧

⑤双重枝接：这种繁殖方法是先把苹果品种接穗嫁接在矮化砧枝条（中间砧）上，然后再把带有品种接穗的中间砧接到基砧上。苹果品种接穗的长度要短些，一般采用单芽切接或舌接。中间砧长度为 20 厘米左右。二者接合后要求严密绑缚。冬末或早春在室内进行中间砧与品种嫁接时，可先经砂藏促进接口愈合，待翌年晚春再嫁接在基砧上；晚春嫁接的品种和中间砧，可随即接到基砧上。嫁接成活后，果苗秋季可出圃。这种方法要求嫁接技术熟练，否则影响嫁接成活率。

二、梨

（一）砧木的种类

现将我国梨区用的主要砧木种类介绍如下。

1. 杜梨　杜梨为我国华北、西北、华中以及华东部分地区常用的砧木。产于我国北部、东北部和中部各省（区）。适应性强，生长旺盛、耐旱、耐涝、耐盐碱。嫁接树开始结果早，丰产稳产性能好；与沙梨、白梨、西洋梨、秋子梨等亲和力好。分布广泛，采种方便，果实出种率为2%～2.5%，每千克种子粒数为7万～8万粒。杜梨易生根蘖，河北果农多利用根蘖育苗，但不抗腐烂病，耐寒力不及秋子梨，耐湿热气候、耐黏重酸性土壤的能力不及豆梨和沙梨。

2. 秋子梨 秋子梨为我国东北和西北、华北部分地区广泛应用的砧木。产于我国东北、华北和西北各省(区)。秋子梨抗寒力很强，适于在冷而干燥的地区生长。根系发达，对腐烂病、黑星病等抵抗力很强。与白梨、秋子梨嫁接亲和力良好，嫁接树生长结果均好，寿命甚长。果实出种率为1.2%，每千克种子粒数为1.6万～2.8万粒。但秋子梨与西洋梨嫁接亲和力较差，在南方湿热地区应用，其耐涝力、抗病力均不及杜梨等。

3. 豆梨 豆梨为我国长江流域及其以南地区广泛应用的砧木，山东等省亦有应用。主产于我国华东至华南各省，陕西、甘肃亦有分布。根系较深，对湿热气候的适应性较强，对梨的腐烂病有高度免疫力，对西洋梨的火疫病抵抗力亦强。与白梨、沙梨以及西洋梨嫁接亲和力强。果实出种率为2.3%～2.8%。每千克种子粒数为8万～9万粒。但幼苗期生长迟缓，抗寒力、耐盐力略差于杜梨。美国从由我国引入的豆梨中已选出有价值的西洋梨矮化砧木。

4. 褐梨 褐梨在我国华北、西北、东北等地生长，山东也有分布。是我国华北、西北和华东部分地区常用的砧木。根系分布深，须根多，嫁接树生长健壮，丰产，寿命长。但进入结果期较晚，不耐涝，在江西及黄河故道地区表现较差。

5. 榅桲 榅桲为西洋梨的主要矮化砧木。榅桲嫁接梨有显著的矮化作用，并有提早结果和增进果实品质的效果。我国所称的云南榅桲系由法国引入，扦插成活率在70%以上，嫁接西洋梨成活率最高，新疆梨次之，白梨较差，沙梨和秋子梨最差。因此，云南榅桲作为中国梨的矮化砧木，必须利用与榅桲亲和性良好的西洋梨作中间砧。

此外，在西北以及新疆地区，常用木梨、杏叶梨或新疆梨作砧木；在西南各省，常用川梨或滇梨作砧木；在长江流域及其以南各省，也用沙梨或麻梨作砧木。

(二)繁殖技术特点

梨苗的繁殖一般采用实生苗或根蘖苗作砧木，再通过嫁接梨品种培育成果苗。其繁殖过程和操作技术与乔砧苹果苗繁殖基本相同。在生产上，各地可根据具体情况，参考"乔化砧苹果苗的繁殖"中所介绍的方法进行。故此本节内容侧重于梨苗的繁殖特点，对通常的繁殖方法不再赘述。

1. 播种育苗　杜梨、豆梨、秋子梨、褐梨等砧木的种子，采收后须经过 40～50 天的后熟过程才能萌发，故春播种子要进行层积处理。每 667 平方米的播种量一般依种粒的大小而定。条播时，秋子梨每 667 平方米 2～6 千克，杜梨 1.5～2 千克，豆梨 1.5～2 千克。播种后薄盖土，干旱时底墒要足，盖土可稍厚。易板结的土壤，盖土宜薄并应覆草。这样出苗快而整齐，每 667 平方米可成苗 1 万～1.2 万株。

梨砧木的实生苗，特别是杜梨的实生苗，主根深而发达，侧根少而弱。这常常导致出圃苗木的根系也少而弱，使苗木定植后成活率低，缓苗时间长，树势生长弱。为此对砧木可采用断根处理，来控制主根的伸长，促进侧根的生长。黄河故道地区的果农在幼苗 2 片真叶时切断主根先端再行移栽，可使实生苗在扎根期生长出较好的侧根，而不影响当年芽接。亦可在夏末芽接成活后，用断根铲斩断砧木苗的主根。断根后要及时浇水和中耕。

2. 利用根蘖苗　梨的有些砧木容易萌生根蘖苗，可在树冠投影边缘开沟断根，然后填土平沟，促发根蘖。以后加强肥水管理，就地嫁接，或挖取根蘖移栽后再嫁接，这样能得到比实生育苗质量高的苗木。为了保护母树，一年不能取苗过多。这一方法，在风沙较多，气候干旱，土质较差，盐碱较重，习惯用坐地苗嫁接的地区，常被采用。一般是将砧木的根蘖苗挖取后，按一定的株行距定植于果园内，培养 2～3 年后，就地嫁接，不再移植。

3. 芽和叶枕大 由于梨接穗的芽和叶枕大，芽接时要求砧木较粗，一般要在 0.6 厘米以上。因此在苗高 30 厘米左右时（留大叶 7～8 片），进行摘心，促使茎干增粗。喷布 50 毫克/升赤霉素亦有利于茎干的增粗。

4. 圃内整形 梨的顶端优势强，对要求圃内整形的梨苗，如按一般利用副梢整形的方法，在整形带以上 10 厘米处摘心，只能在顶端抽发 1～2 个副梢，不能达到整形的目的。因此，梨苗圃内整形，应该在距整形高度尚有 10 厘米处摘心，这样便可抽生 4～5 个良好的副梢，而主干同时凭借各个节间的伸长，可以达到整形高度。在圃内整形时，应加强梨苗管理，促其尽早达到摘心高度，摘心越早，所发副梢越多，当年生长越好。

三、葡萄

（一）扦插繁殖

扦插繁殖是葡萄苗木繁殖中最广泛采用的方法，在嫁接繁殖中，其砧木也常用扦插方法繁殖。葡萄扦插时通常多利用其枝蔓作插条。在生产上，依插条成熟度和扦插时期，又将葡萄扦插分为硬枝扦插和绿枝扦插 2 种。

1. 硬枝扦插

（1）插条的采集与贮藏　葡萄插条最好是在落叶后结合冬季修剪剪取，最迟应在春季伤流前半月进行。插条应选择生长健壮、充分成熟、芽眼饱满、无病虫害的1年生枝。采集的插条按50～60厘米(5～6个芽)的长度剪截后，分品种捆好，每捆一般为50～100根，并标明品种、数量、采集日期等，以备贮藏。

插条采集后，为了减少水分的散失，保证插条质量，应尽快进行贮藏。贮藏前先用5％硫酸亚铁溶液或5波美度石硫合剂，将插条浸泡2～3分钟，取出晾干后即可贮藏。插条贮藏的方法有沟藏和窖藏2种。我国北方一般多采用沟藏。选择地势高、排水良好的背阴处开沟，沟宽1～1.5米，深0.8～1.5米，长度随插条数量而定。贮藏时，先在沟底撒5～10厘米湿润河砂或细土，把成捆的插条竖立或平放在砂上或细土上，在插条之间填满湿砂或细土，再在插条上面盖30～40厘米的湿砂或细土。贮藏大量枝条时，为了使贮藏沟适当通气，可在沟中每隔3～5米插入一个草把或秫秸。北方常用的这种沟藏法，在雨水多、地下水位高的我国南方，一般不宜采用。南方室外砂藏插条时，砂藏堆一定要高出地面，砂藏堆四周还要设置排水沟，以防插条受渍霉烂(图8-4)。在插条贮藏期间，贮藏沟(堆)要保持一定的温度和湿度。温度以0℃～1℃为最理想，一般不应高于5℃和低于－30℃。用砂贮藏，砂的湿度以含水量5％～6％为宜。用土则以10％～12％为宜。窖藏有利于插条保温越冬，多在辽宁沈阳以北以及气候条件与之相似的寒冷地区使用，其存放方法与沟藏基本相同。此外，贮藏少量插条时，也可用木箱等容器在室内砂藏，效果也很好。

(2)**插条的剪截和催根处理**　春季从贮藏沟(堆)中取出插条，在清水中浸泡1昼夜后，选择皮色新鲜、芽眼完好的枝条，按20～25厘米(2～3芽)剪截，上端剪口在距芽眼1厘米处平剪，下端距芽眼0.5厘米处斜剪。这样既有利于愈伤组织的形成，也可防止扦插时插条倒插。剪好的插条顶端向上，每50～100根扎成一捆，准备催根或扦插。

葡萄萌芽和生根要求的温度差异很大，在春季露地扦插时，往

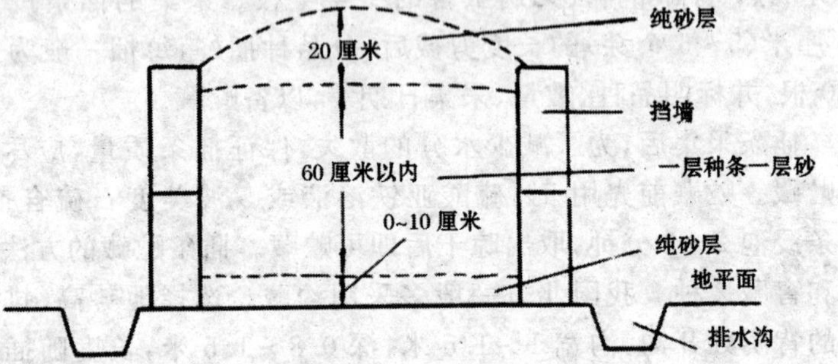

图 8-4　南方插条砂藏堆

（陈善德《南方巨峰葡萄栽培技术》，1988）

往先萌芽、后生根，萌发的嫩芽常因水分、养分供应不上而枯萎，降低扦插成活率。因此，在生产上常用人工方法促使插条早生根，提高扦插成活率。常用的方法有以下几种。

①温床催根：温床设置在背阴避风处，用电热线或酿热物，提高插床的土温，促进生根，同时利用早春冷空气抑制发芽，催根期间要保持土壤湿润，控制床面温度，床土温度保持 25℃～28℃，这样经过 15 天左右，插条便可产生愈伤组织并开始生根。

②冷床催根：床地选择在背风向阳、水源近、运输方便的地点。冷床一般为东西向，宽 1.5 米左右，深 1～1.5 米，长度依插条数量而定。为便于接受阳光，冷床南、北床壁的高差应为 30～40 厘米。在早春冰雪融化之前，先在床底及四壁铺 10 厘米的草，然后填入 50～100 厘米厚的冰块，用雪或碎冰填充空隙，铺平捣紧，上面再用草盖严，以防冰雪融化，再盖上床盖和草帘。床盖可用塑料薄膜或玻璃做成。催根前，在冷床上面铺上 10 厘米厚的锯末，然后将插条顶端朝下倒置其上，插条间填满湿锯末或湿砂，上盖 5 厘米厚的湿锯末或河砂，再覆 2～4 厘米厚的马粪或腐殖质土，使插条生根部位的温度升高到 20℃～30℃。这样大约 20 天后，插

条基部可形成愈伤组织和幼根。

③药剂催根：常用的药剂有萘乙酸、吲哚丁酸、吲哚乙酸、ABT 生根粉等。其通常使用浓度和处理时间如下。

吲哚丁酸：100～200 毫克/升，浸泡插条基部 2～4 小时；500～1 000 毫克/升，浸蘸插条基部 2～3 秒。

吲哚乙酸：40～50 毫克/升，浸泡插条基部 12～24 小时。

萘乙酸：50 毫克/升，浸泡插条基部 12～24 小时；200 毫克/升，浸泡插条基部 2 小时。

ABT 生根粉：50 毫克/升，浸泡插条基部 12～24 小时。

(3)扦插时期与方法　葡萄露地扦插的时期，以土温（15～25 厘米处）稳定在 10℃以上时进行最为适宜。一般多在 3 月上旬至 4 月中旬、插条萌芽前进行，南方可稍早些，北方可稍迟些。辽宁、山西多在 4 月中旬，上海、山东、湖南、湖北等省（市）则多在 3 月上中旬。

扦插的方法，一般可分为平畦扦插和垄插 2 种。我国南方多行平畦扦插，北方多采用垄插。平畦扦插：南北整畦，畦宽约 1 米，长度可根据具体情况而定，株行距为 12～15 厘米×50～60 厘米，每 667 平方米插 0.8 万～1 万株。垄插：垄宽约 30 厘米，高 15 厘米，垄距 50～60 厘米，株距 12～15 厘米，每 667 平方米插 0.8 万～1 万株。插后将土壤适当压实，浇透水，使插条与土壤密切结合。插条生根萌芽后，要加强苗木生长前期的肥水管理，在 6 月上旬至 7 月中旬，应追施速效肥料 2～3 次。在苗木生长期间，还要对副梢摘心 2～3 次。主梢长 50～70 厘米时进行摘心和设支柱绑蔓等管理，促进枝条老熟和健壮生长。

2. 绿枝扦插　又称嫩枝扦插，是在葡萄生长期，结合夏季修剪，利用尚未木质化的新梢或副梢进行的扦插育苗。1 年可进行多次，但以 5～6 月份扦插成活率最高。

绿枝扦插时，选择半木质化的新梢或副梢，剪成保留 2～3 个芽眼为一段的插条，抹除下部叶片，将最上部的一片叶剪去一半，然后将插条及时扦插到插床中。扦插的深度以最上部的芽眼稍高于土面为宜。插后要浇透水。为了提高扦插成活率，在扦插前，可先将插条在 100～200 毫克/升 ABT 生根粉或 50 毫克/升的吲哚丁酸溶液中浸渍 1～3 分钟。

嫩枝扦插后，主要是温度与湿度的管理。插床土壤要经常保持湿润，温度以保持在 28℃～32℃为宜。为了避免阳光直射，一般还需要遮荫条件。绿枝扦插比硬枝扦插容易生根。如能采用自动喷雾技术，扦插效果则更为理想。

(二)压条繁殖

压条繁殖在我国具有很长的应用历史。由于压条是在枝条不与母体分离的状态下进行，因此易于成活，而且生长健壮。这种方法用于繁殖扦插不易生根的品种或者用于补植缺株及老树更新，效果很好。葡萄枝蔓细长而柔软，因此在生产上多采用水平压条。压条繁殖的材料，可用新梢，也可用 1 年生成熟的枝蔓，或多年生老蔓。

1. 新梢压条法 夏季新梢长到 1 米左右时，对多余的新梢可用作繁殖材料。做法是摘心后进行水平引缚，促发副梢，待副梢长到 20 厘米左右时，对副梢下部各节间进行刻伤，然后将新梢平压于深约 20 厘米的沟中，开始填上 8～10 厘米厚的土，待副梢 40～50 厘米、半木质化时，再将沟土填平。压条后对副梢进行摘心和设支柱绑蔓等管理，促使幼苗直立健壮的生长，秋季将压条挖出，分段剪截成带根的苗木。

2. 1 年生成熟枝压条法 一般在春季萌芽后，新梢长约 20 厘米时进行。将 1 年生成熟枝蔓平压于 20 厘米深的沟中，亦在枝蔓各节间刻伤，利用 1 年生成熟枝蔓发出的主梢培育成幼苗。其他操作与新梢压条法相同。

3. 老蔓压条法　老蔓压条多用于老树更新，或者利用废蔓扩大繁殖系数。压蔓时期多在秋季进行，首先开 25 厘米左右深的沟，将老蔓压于沟中，使 1～2 年生枝蔓露出沟面，再培土，翌年待老蔓生根后，分段截断老蔓，使新株脱离母体，成为独立的苗木。

此外，空中压条因其繁殖系数低，对母株损伤大，而主要用于木质坚硬、枝条不易弯曲，或者树冠太高无法在地面压条的树木，因此繁殖葡萄苗木一般不采用这种方法。但在庭院葡萄栽培或盆栽葡萄时，为了培育大苗或带果穗的盆栽苗，也可采用这种繁殖方法。高压在整个生长期都可进行，而以春季或雨季较好。高压时所用生根材料填充物以苔藓为最好。将菜园土和砂或锯末混合后作生根材料，效果也很好。

高压盆栽葡萄苗时，选用生长健壮、发育充实的结果母枝或穗形整齐的结果枝，在压条部位进行环剥或环割，再于环剥或环割处加上保湿生根材料，用塑料薄膜或两半的花盆（将瓦花盆用锯锯开）包起来。高压 5～6 周后，将高压枝与母株剪断，即成一株带有果穗的盆栽葡萄。

（三）嫁接繁殖

葡萄嫁接繁殖，主要用于提高栽培品种的抗逆性，如在东北地区，利用山葡萄、贝达葡萄等作砧木，提高植株的抗寒性；在山东、辽宁、陕西等地、利用砂地葡萄作砧木，可抗根瘤蚜；在南方葡萄产区，以河岸葡萄、刺葡萄、网纹葡萄等作砧木，亦可提高对高温多湿气候的适应性。葡萄嫁接繁殖的方法，主要有以下几种。

1. 绿枝嫁接　最佳嫁接时期为 5 月下旬至 6 月下旬。选用粗壮的 1～2 年生实生苗或扦插苗作砧木，砧木粗度要求在 0.8 厘米以上。结合夏季修剪，采集夏芽刚开始萌动、半木质化的新梢或副梢作接穗。接穗采集后，立即保留叶柄，剪去叶片，并用湿布包好，以备嫁接。绿枝嫁接的方法，一般可用单芽切接或劈接。接穗插入砧木切口时，要注意形成层对齐，在用塑料薄膜包扎时，必须将切口全部包严，并对接穗顶端的切口也包没(图 8-5)。

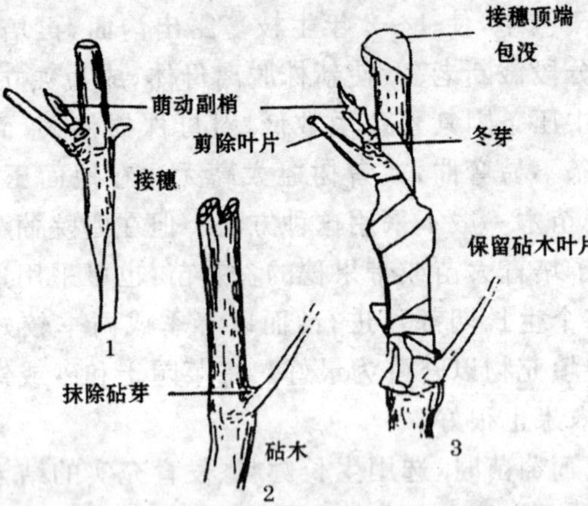

图 8-5　葡萄绿枝嫁接

(陈善德《南方巨峰葡萄栽培技术》，1988)

1. 削接穗　2. 砧木切口　3. 包扎薄膜

嫁接以后，如果气候干燥，可以在接穗上套一个长约 15 厘米、宽 4～5 厘米的塑料薄膜袋。套袋时，袋的顶端留下 5 厘米左右的空间，以利于接穗幼芽生长，袋的下端绑扎在接口下 4～5 厘米处，使袋内凝集的水滴不致浸入接口。套袋能增温保湿有利于嫁接成活，但要注意防止高温(35℃以上)灼伤嫩芽或抑制生长。

2. 硬枝嫁接　硬枝嫁接一般在早春砧木萌芽之前进行，有些地方也在冬季覆土防寒前进行。硬枝嫁接时，用 1 年生成熟枝条作接穗，长 2～3 芽。用 1～2 年生带根苗作砧木。嫁接方法可采用切接、劈接或舌接。接口离地面 3～5 厘米。嫁接后用塑料薄膜将接口绑扎严密，并用湿润的细土将嫁接好的植株连同接穗顶部全部埋严，埋土厚度一般要求超过接穗顶部 3～5 厘米。为使嫁接苗成活和生长良好，要及时抹除砧木上的萌芽，对接穗上的芽眼萌发出的新梢，除保留1～2个健壮的外，其余也全部抹掉，当新梢长到30厘米左右时，要及时设支柱并绑缚，并加强肥水管理及病虫害的防治。

3. 芽接　葡萄芽接一般在6～7月份，以新梢开始木质化，芽容易从枝条上剥取时为宜。采集生长充实、冬芽饱满、尚未萌发副梢的新梢作接穗。剪取的接穗要立即剪去叶片，只保留一段约1.5厘米长的叶柄。为了便利芽接时剥芽，可将去过叶片的接穗先在清水中浸泡1小时。取出后用湿布包好，放在阴凉处。嫁接时，先在砧木嫁接处，用芽接刀从芽的两侧到芽下2厘米处和芽的上方1厘米处切割成盾形切口，深达木质部，把芽掰下。接着用同样的方法，在接穗上按砧木切口大小切取接芽芽片。切好的接芽芽片随即放在砧木切口上，使之紧密贴合，然后用塑料薄膜进行绑扎(图8-6)。接芽成活后，要求当年抽发新梢者，宜采取二次剪砧，并抹除砧木上的全部芽眼和萌蘖；要求翌年春季萌发新梢者，则要适时对砧木摘心，并摘除基部叶片，促使接芽成熟，落叶后在接芽上一节剪去砧木。冬季需防寒的地区，土壤结冻前将苗木压倒，埋土防寒。

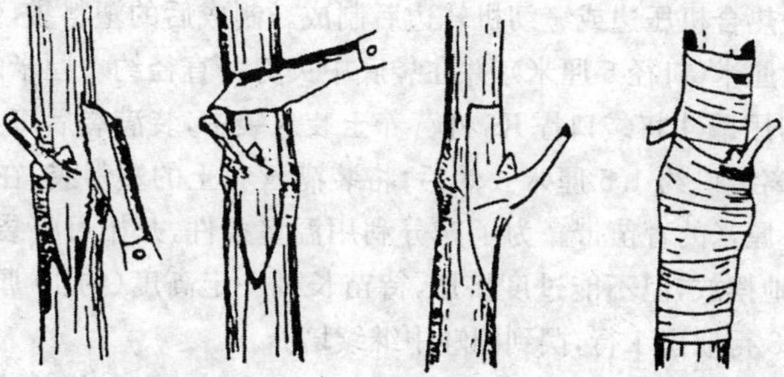

1　　2　　3

图8-6　葡萄盾状芽接　(司祥麟等《葡萄栽培图解》,1990)

1. 砧木接口和接芽切削法　2. 嫁接　3. 捆绑

(四)快速繁殖

1. 单芽塑料营养袋快速繁殖　这是一项由山西省果树研究所推广，在温室、塑料薄膜大棚、火炕或阳畦等保温、增温设施配合下的集约化育苗新方法。与普通露地扦插繁殖相比，其优点有以下几点：节省插条，能提高繁殖系数 3～4 倍；单位面积内育苗量大，普通方法育苗，每 667 平方米产苗一般为 7 000 株，此法每 667 平方米可产苗 15 万～20 万株；带土移栽，不伤根，不缓苗，栽植成活率可达 90%以上；育苗时间短，栽植后结果早，幼苗在保护地生长 3～4 个月，当年 5 月份便可在果园定植，管理好的翌年多数植株可以结果。这种育苗方法管理容易，操作简便，其技术要点有以下几项。

(1)配制营养土　选取富含有机质的熟化表土、细河砂和充分腐熟的牛粪、羊粪或马粪，捣碎后分别过筛，再根据所取表土的质地，将土、砂、肥以 1∶2∶1 或 2∶1∶1 的比例进行混合，并充分搅拌均匀。

(2)制袋、装土与摆袋　塑料袋用长、宽各约 17 厘米的无毒塑料薄膜，经热合机压边或缝纫机轧边后制成。制成后的塑料袋，高 16 厘米，宽 8 厘米(口径 5 厘米)，并在袋底中央剪一直径约 1 厘米的小孔。装土时，用漏斗将袋口撑开，将营养土装入袋中，装满袋后将土蹲实，使土面离袋口约 1.5 厘米。然后，将装满营养土的塑料袋，在地表摆成宽 60 厘米的育苗带。为了充分利用温室条件，开始可将袋子一个挨一个地摆放，但不能过度挤压，待苗长到一定高度(约 10 厘米)时，再每隔 3 行取出 1 行，摆到阳畦中继续培养。

(3)剪截芽段和预处理　将贮藏的种条取出后，剪截成只留 1 个饱满芽眼的芽段。其做法是，在芽眼上方 1 厘米处平剪，在芽眼下方 5～7 厘米处斜剪成马蹄形。芽段剪好后，立即将其整齐、紧密地插到砂床中，在 25℃～30℃的条件下进行预处理。经过15～

20 天，当芽眼开始萌发，下端剪口处产生愈伤组织时，便可将芽段扦插到营养袋中。经预处理后的芽段，萌芽整齐，成苗率高。

(4)扦插及管理　当苗床土温达到 15℃以上时，即可进行扦插，一般在 2 月上旬至 3 月上旬为宜。扦插时，先用水将袋内营养土慢慢喷透，再取经过预处理的芽段进行扦插。扦插深度以芽眼与袋内土面齐平为准，即以芽眼似露非露为宜。过浅，不利于生根；过深，影响发芽。芽段插入营养袋后，也需及时适当喷水。以后根据天气情况，每隔 2～3 天喷水 1 次，使袋内插壤湿度保持 13%左右。扦插后的土温以保持在 20℃～30℃，最有利于生根。温室内的气温，白天应保持 25℃左右，晚上气温不低于 15℃。当室内温度不足 25℃时，可利用加温或覆盖等措施提高室温。当室内升至 30℃以上时，可通过开窗换气方法降低室温。幼苗展叶后，应在每天上午 9 时和下午 5 时各喷水 1 次，并注意开窗通气降温。为防止因阳光曝晒而灼伤嫩芽，还可采用竹帘遮荫。若发现幼苗叶片发黄或瘦弱时，可用 0.3%的尿素或磷酸二氢钾，每隔 10 天喷施 1 次。经过上述管理，到 5 月下旬、苗高 15～20 厘米时，便可运到田间去掉塑料袋定植。

2. 综合快速繁殖　综合快速繁殖，是将优良葡萄品种的绿枝接穗于春季嫁接在平茬大树的萌蘖上，借助于大树的强大根系，促使良种接穗的新梢旺盛生长，秋季进行水平压条，当年即可获得大量优质的压条苗。此法的主要特点是，需要种条少，繁殖系数高。绿枝嫁接成活率一般为 60%～90%，1 株平茬树要求接活 2 个芽，每 667 平方米地(133 株)可育苗 8 000～10 640 株，按上述情况计算，每株平茬树最多需用芽 3.3 个，每 667 平方米需用芽 439 个，这样每芽可繁殖 18.2～24.2 株压条苗。其繁殖系数是普通扦插繁殖的 50～70 倍。用这种方法繁殖的苗木，根系好，定植成活率高，开始结果早。现将其技术要点介绍如下。

(1)砧木平茬　选择成年、健壮植株作砧木，于 3 月下旬萌芽前进行平茬，平茬高度以高出地面 3 厘米左右为宜。为防止锯口干枯，平茬后应在锯口上覆些土。然后，浇透水，促使萌蘖萌发生长。萌蘖萌发后，选留 2 个粗壮的萌蘖以备绿枝嫁接，其余的根据情况或保留后摘心，或完全抹除。

(2)绿枝嫁接　从 4 月下旬至 6 月上旬，在日平均气温达 20℃以上，日最高气温不超过 35℃时，均可进行嫁接。但以 5 月上旬至 5 月下旬嫁接最为适宜。嫁接方法一般可采用单芽切接或腹接。嫁接时，如果接穗上的夏芽未萌发或刚萌发，可以保留夏芽，如果夏芽已长成副梢，则应抹除，待嫁接后使冬芽萌发。为了提高嫁接成活率，除必须用塑料薄膜带，将接口和接穗全部缠严外(露出芽眼)，如果气候干燥，还要对接穗进行套袋保湿。其做法和要求见前述。接芽成活后，及时抹芽除萌、中耕除草以及加强肥水管理。当新梢长到 30～50 厘米时，应进行摘心和水平引缚，促进夏芽副梢的萌发和生长。1 株平茬树一般要求嫁接 2 个萌蘖，即接活 2 个品种芽，萌发 8～10 个新梢(副梢)。解绑不宜过早，在不影响接枝生长的前提下，越晚越好。

(3)水平压条　在 7 月上旬至 8 月上旬，当一次副梢基部半木质化时，便可开始进行压条。在肥水充足、管理好的果园，还可于 8 月下旬至 9 月下旬，对二次副梢进行连续压条。压条时，先在株间或行间挖 20 厘米深的沟，沟底施入一些腐熟的厩肥，并注意与土拌混均匀；再将新梢水平压入沟内，压条深度以 10～15 厘米、副梢基部 2～3 节压入土中为宜；然后适当浇水，并经常保持土壤湿润，以保证根系发育良好。压条后，注意防病保叶，并对副梢立支柱或进行吊枝，促进副梢生长。副梢长到一定高度后进行摘心，促使副梢加粗和成熟。至秋季落叶后将压条挖出，分段剪截成带根的苗木。剪截时，可在接口以上保留 2～3 个品种芽，或保留 1 株压条苗，以供翌年水平压条繁殖用。

四、桃

(一)嫁接繁殖

1. 砧木种类　我国桃砧木主要用毛桃和山桃，在矮化栽培时，也有用榆叶梅、寿星桃、扁桃、李等作砧木的。现将几种主要砧木的特性介绍如下。

(1)毛桃　毛桃为我国东部及南部地区最常用的桃砧木。对温暖多湿气候比较适应，与栽培桃嫁接亲和力强，嫁接成活率高，嫁接后生长发育良好，根系发达，对养分、水分吸收能力强。耐干旱和瘠薄，寿命长，结果较其他砧木好。但在肥沃地或低湿地栽培，生长常出现过旺或不良，而使结果差，并且容易发生流胶病。毛桃果实的出种率为20%～30%，每千克种子粒数为300～400粒，播种后成苗率一般为50%～60%。实生苗生长迅速健旺，播种当年夏季即可达到嫁接要求。

(2)山桃　山桃为华北、东北、西北等地桃的主要砧木。耐旱性及耐寒性强，耐盐碱能力也比其他砧木好。与栽培桃嫁接亲和力较好，嫁接后生长健壮，并且适度矮化，开始结果较早，主根大而深，细根较少。在低湿地生长不良，易发流胶病，在温暖地区结果不良。我国南方一般不用山桃作砧木。山桃的果实，一般较毛桃小，出种率为30%左右，每千克种子粒数为300～500粒，播种后成苗率一般为60%～70%。实生苗前期生长较毛桃慢，但加强管理，播种后当年夏季亦可达到嫁接要求。

(3)榆叶梅　作桃矮化砧，具有嫁接亲和力强、树体矮化、结果早、适宜密植等优点。据河北省农业科技师范学院调查，3年生的早生桃品种，榆叶梅砧木上的树高仅为山桃砧上的68.6%，接口愈合良好，无明显的“小脚”现象，而且结果量为山桃的14.4倍，枝叶生长正常，生长量适中，夏季修剪省工。

(4)寿星桃　作桃矮化砧，与栽培桃嫁接亲和力好，嫁接树显著矮小，节间缩短。在肥沃地栽培，有调节生长促进结果的作用。

此外，李作桃砧木，生长较慢，抗寒力较强，嫁接成活率较高，并有矮化现象，但基部易发生根蘖，必须加强管理。毛樱桃作桃砧木，显著矮化，结果早，但上海市农业科学院等单位发现，以毛樱桃作砧木的桃树，部分植株有早期衰亡的现象。

2. 繁殖技术

(1)砧木繁殖　桃砧木树种常存在不同的类型或品种，其果实成熟期早晚不一，成熟期晚的一般种仁发育较好，发芽率高，幼苗生长也较好。因此，采集砧木种子，首先要注意选择成熟较晚、充分成熟的果实。果实采收后，在阴凉处进行堆放，使其果肉软腐，再用清水把种子洗出来，然后将种子放在干燥、通风处晾干。桃子核壳坚实致密，为了加速阴干，也可先在太阳下晒1～2天，再放在干燥通风处晾干。

播种期可分为秋播和春播。秋播多在10月中旬至11月中旬进行，翌年发芽早，出苗率高，生长迅速强健，而且可省去层积工序。但在秋冬环境条件不良，或为节省土地，可先将种子干藏，待至春播前100～120天进行层积处理，然后在种子萌动前播入土中。播种前，对苗圃地做好深耕、施肥、整地、做畦和开沟等工作。播种方法一般可采用宽窄行直接点播。畦宽100～120厘米，宽行50～60厘米，窄行约20厘米，每畦播4行，株距5～10厘米。播种前浇足水，播种后盖土5～6厘米。每667平方米播种量一般为30～50千克。每667平方米可育实生苗0.8万～1万株。直播苗生长快，根系发育好，在一般肥水条件下，到夏末秋初可达到嫁接粗度要求。桃苗容易发生副梢，在幼苗生长过程中，应及时抹除苗干基部近地面5～10厘米以下的萌芽，以便嫁接时干皮光滑，这样既有利于嫁接成活，也便于操作。砧苗摘心，一般可于芽接前20～

30 天、苗高 30～40 厘米时进行。如果为了提高嫁接成活率，也可于芽接的同时或前 1 天进行，此时摘心不宜过早，否则往往使砧干剥皮困难，影响接芽成活。

(2)嫁接苗繁殖　桃苗嫁接，可采用芽接、枝接、根接等多种方法。目前生产上，芽接是桃苗繁殖应用最广泛的一种嫁接方法。桃苗芽接多采用"T"字形芽接或长方形芽接。"T"字形芽接一般可于 7 月下旬至 9 月中旬进行，但在我国北方有些地区，7 月下旬至 8 月上旬正值雨季，此时嫁接，切口容易流胶，影响接芽成活，所以多在 8 月下旬至 9 月上旬进行；南方进行"T"字形芽接，多于 7 月下旬至 8 月中旬进行。长方形芽接削取芽片时可带木质部，因此可以嫁接的时间很长，只要砧木和接芽符合嫁接要求，几乎全年均可进行。近几年来，华中地区有些生产单位，在秋冬结合桃树修剪，采集接穗贮藏越冬，翌年春季在砧苗萌芽前后，采用长方形芽接对秋季芽接未成活的砧木进行补接，效果良好。采用长方形芽接进行补接，比用枝接操作简便，成活率高，接口愈合好，嫁接苗在一般管理下，可与上一年秋季芽接苗一同出圃。

桃苗枝接繁殖，多采用切接。嫁接时期以早春砧苗树液开始流动、芽尚未萌发时为最适宜。在北方桃产区多在 3 月中下旬，南方多于 3 月上中旬进行。桃苗枝接由于适宜的嫁接时期较短，操作较为复杂以及砧木要求较粗等原因，在生产上也多用于对秋季芽接未成活的砧木，在翌年春季进行补接，而且由于长方形芽接方法的应用，使得这种嫁接方法，在桃苗繁殖上已经越来越不重要。

河南省孟县农校通过试验后认为，桃树根接能缩短育苗过程 1 年，且技术简单，易于掌握，在需要大量桃苗的情况下，可以作为迅速培育桃苗的方法之一。具体做法是，初冬在桃树落叶时，采集接穗和直径为 0.3～1.5 厘米、生长活跃的 1～2 年生新根，在湿润河砂中贮藏至翌年春季，于开花前(3 月下旬至 4 月上旬)用劈接或倒腹接的方法进行嫁接，接后直接在苗圃内栽植，当年成苗率达

89.4%。

(3)提高嫁接成活率及快速育苗技术　影响桃嫁接成活的主要限制因子是砧木加粗生长过快和接芽处伤口容易流胶。传统的育苗方法往往使一些接芽被快速生长的砧木皮层包住，或因接口(特别是雨季嫁接)流胶致死，导致嫁接成活率降低。山东农业大学的研究指出，避开雨季，提早或推迟嫁接，能显著地提高嫁接成活率；提早嫁接还能够当年成苗，缩短了育苗周期，提高了经济效益。现将其育苗方法的技术要点介绍如下。

①加密晚接法：采取晚接育苗法可于3月中旬播种，4月上旬出苗，定苗后株行距为5厘米×10厘米，每667平方米可育苗约3万株。提高密度的主要目的是，利用群体苗间互相制约的作用，抑制砧木过旺生长，防止皮层包死接芽，同时也可提高土地利用率。当年8月中旬，砧木苗地面以上10厘米处，直径一般为0.7厘米。而株行距为10厘米×20厘米，常规密度苗直径一般为1.2厘米。此时嫁接雨季已过，不会严重流胶，接后前期不用浇水，10月中旬结合浇水，每667平方米施磷酸二氢钾1.5～2千克，以提高幼苗木质化程度，利于安全越冬。采取这一方法，嫁接成活率为96.5%，流胶致死率为2.5%，没有出现被砧木皮层包死现象。而用常规密度、常规嫁接时间(7月15日)嫁接的成活率仅为77%，流胶致死率为12%，被砧木皮层包死率为9.5%。但应指出，加密晚接法最适于繁殖当年出圃的半成苗，若培养翌年出圃的成苗，则显得过于密集。因此，采用这一方法育苗时，应因地制宜，并采取相应的管理措施。

②盖膜早接法：采取这种育苗方法可于11月上旬播种，翌年2月下旬覆盖地膜，3月上旬发芽后除去地膜，以防中午膜内温度过高灼伤幼苗。幼苗长到20厘米高时摘心，促其加粗生长。6月上旬，砧苗10厘米高处径粗一般达0.5厘米，6月中旬即可进行芽接。接后10天在接芽以上2厘米处，将砧梢折倒在接芽的反

面，削弱砧苗的顶端优势，并抑制加粗生长，使接芽处于优势地位。接后 15 天可以解绑。新梢长至 10 厘米时进行剪砧，抹除砧木基部萌芽，浇水并施尿素（每 667 平方米 5 千克），以加速苗木生长。抹除砧木基部萌芽的时间要适当，过早，接芽尚无光合能力，不能自养；过迟则与接芽竞争养分，采取这一方法，嫁接成活率达 97%，流胶致死率为 2%，未出现被砧木皮层包死现象，与常规时间（7 月 15 日）嫁接相比，其成活率可提高 20%，流胶致死率和砧木皮层包死率则分别降低 10%和 9.5%。盖膜早接法不仅能明显提高嫁接成活率，而且也是一种简便易行的快速育苗技术，在适当的管理措施配合下，当年即可育成 50 厘米高的充实成品苗。

（二）播种及扦插繁殖

1. 播种繁殖 桃播种繁殖除主要用于培育砧木苗和选育新品种外，还由于其具有能够自花授粉，可免除父本对后代的影响；以及果肉肥厚营养丰富，能加强母本对胚的影响等特点，也可以繁殖果苗。例如，甘肃宁县、张掖的黄甘桃，山东益都的青州蜜桃，辽宁台安的珲春桃等，都一贯采用播种繁殖。实生桃苗的繁殖方法，可参照砧木繁殖的操作要求进行。

2. 扦插繁殖 桃树扦插繁殖是桃树育苗的一种新方法，用这种方法繁殖的自根苗，不仅可以保持品种的固有性状，而且可以排除由于嫁接所引起的病毒性感染等病害，以及由于砧穗之间互相影响所带来的一些不需要的性状。另外，培育桃自根苗比嫁接苗省时间，成本低，有些品种还产生半矮化的倾向。现将其主要方法和技术要求介绍如下。

（1）硬枝扦插 休眠期采集发育充实的 1 年生枝砂藏越冬。3 月中旬当地温达 10℃左右时，将插条取出。选择皮色新鲜、芽眼完好、粗度为 0.5～0.9 厘米的枝条，按长度 25～30 厘米剪截，基部为马蹄形斜面，为了促进生根，可对插条基部进行纵伤处理，或于插条基部中心处先劈一条 2 厘米长的裂口。将插条基部浸入 500 毫克/升的吲哚丁酸溶液中浸泡 1 分钟，或在 1 000 毫克/升吲哚丁酸溶液中浸蘸 5 秒随后再浸入 0.5%的克菌丹溶液中进行杀菌处理，即可在插床中扦插。扦插时露出地面的部分要保留 2～3 个好叶芽。扦插以后浇水，此后根据天气状况，一般每隔 7～10 天喷水 1 次。硬枝扦插时，插床温度一般在 14℃～20℃，高于 25℃和低于 12℃时，对插条生根均有不利的影响。生根基质，国外多用砂土、壤土、泥炭藓(1∶1∶1)混合土。我国用河砂或河砂与壤土配成的混合土作为生根基质效果也很好。

(2)绿枝扦插　在幼龄结果树上，采集尚未木质化或半木质化的带叶新梢，选取粗度为 0.4～0.8 厘米的顶段或次顶段，按长度为 20～25 厘米剪截，除去其基部 8 厘米段的所有叶片，将插条基部在吲哚丁酸 50 毫克/升＋2,3-二氯萘醌 500 毫克/升溶液中浸 24 小时，然后再将插条扦插于泥炭∶珍珠岩体积比 1∶1 的基质或河砂中。扦插后，对插条每天进行间隔 2 分钟喷雾 4 秒。每周在 1 个傍晚喷 1 次含有必需的大量元素和微量元素的营养液。每周还喷 1 次 0.25%克菌丹溶液。绿枝扦插的时间，一般可在 6 月中旬至 8 月下旬进行。河北农业大学以白凤和大久保品种为试材，采集 7 年生已结果树的发育枝，剪成长约 20 厘米，带有 3～6 个叶片的枝段，经吲哚丁酸 2 500 毫克/升溶液速蘸 5 秒处理后，于 9 月 8 日插入以河砂为基质，并设有弥雾装置的露天插床中，得到了较高的生根率，其中白凤桃的生根率为 77.9%(基部)和 90.9%(先端)，大久保桃的生根率为 81.9%(基部)和 75.1%(先端)。

国内外的试验都表明，绿枝插条在生根过程中和生根后叶片的存在与否，能显著地影响绿枝插条的生根和它们后来的成活。荷兰在阳红油桃绿枝扦插后 3 周，用 6-苄基腺嘌呤(BA)100 毫克/升＋萘乙酸 10 毫克/升溶液和 6-苄基腺嘌呤 100 毫克/升＋肌醇(MI)1%溶液，每周喷布 1 次，共喷 5 周，使每根次顶段插条上的叶片数由 8.2 片(清水对照)提高到15片和10.7片;插条生根成活率也由20%分别提高到59%和85%。但是在一项附加试验中,从插条扦插时即开始每周喷肌醇+6-苄基腺嘌呤,则会降低插条的生根率,这表明插条基部很高的细胞激动素含量可能对生根过程有害,只对其后的成活和根的发育有利。

硬枝扦插或绿枝扦插,在插条根系发生较好,上部萌芽生长之后,便可将插条移入泥炭纸盆中或移入湿润河砂与蛭石各半的混合土中,进行过渡培育,待根系发达、地上部生长良好后,即可移入苗圃或直接栽植于果园。

五、柑　橘

(一)嫁接繁殖

1. 砧木种类　各地可根据不同的气候,尤其土壤条件、栽培品种以及其他目的选择不同的砧木。现将我国常用的柑橘砧木介绍如下。

(1)枳　主产于长江流域,北至河北、山东,南至广东、广西均有分布,是我国目前应用最多、最广的柑橘砧木。在黏重、排水不良的土壤里,这种砧木具有很多优良特性,它生长强健,根系发达,主根浅,侧根特别多,分布广。抗旱、抗寒、抗病能力均强。枳与多数柑橘品种嫁接亲和力强,嫁接树较矮化,结果早、丰产、较早熟,皮薄、色佳、糖分高,较耐贮藏;而且不易感染脚腐病、流胶病、根线虫、速衰病。天牛及吉丁虫的为害也较轻。但枳砧柑橘寿命较短,耐盐碱力弱,凡在含盐高的海涂,含钙量高的新开紫色石砾土均表现苗木黄化,生长不良。枳砧柠檬、脐橙、血橙、温州蜜柑等,出现裂皮病,树势明显衰退;作新会橙、改良橙、冰糖橙、柳橙砧表现叶片黄化,说明枳对柑橘品种和生态环境有一定的选择性。

(2)红橘　主产于四川省，浙江、福建、湖北等省均有分布。根系发达，生长强健，树性直立。红橘砧木的重要性在于它适应石灰质含量高的瘠薄山地以及抗寒，抗流胶病、脚腐病和疮痂病，在干旱季节没有灌溉的情况下，是柑橘类惟一生长良好的种类。红橘与橙、柑、橘、柠檬等嫁接亲和力强，嫁接树生长快、树冠大、产量高。但作甜橙和温州蜜柑的砧木时，进入结果期迟(一般在定植后4～5年)，而且品质也稍差。

(3)香橙　分布于长江流域各省。根深且多粗根，树势强健，木质坚硬，寿命长。抗旱、抗寒，较耐热耐瘠，耐湿性较差，抗天牛、脚腐病及速衰病，苗期易染立枯病。嫁接树健壮，产量高，果型大。但盛果期迟，初果期稍低产，且果实品质也不及枳砧。四川江津园艺场试验后认为，香橙为柠檬的优良砧木，嫁接甜橙较矮化，枝粗密集，树冠紧凑，结果密度大，果大，深橙红色，风味浓，微有香气。与温州蜜柑、椪柑等亲和良好。在日本当枳砧温州蜜柑树势衰弱时，常用香橙苗靠接换砧复壮树势。香橙砧主根深，细根少，因此要求在移植时，注意挖苗质量，尽量减少伤根。

(4)酸橙　我国浙江、福建、江西、广东、湖南、湖北等省均有分布。我国的酸橙资源十分丰富，类型很多，应用较多的有浙江黄岩的枸头橙、温州的朱栾(小红橙)，湖北的兴山酸橙，四川的江津酸橙，以及湖南的黄皮酸橙和红皮酸橙等。酸橙对土壤的适应范围较大，既适应轻土壤，也适应黏重土壤，在中度酸性和碱性土壤中都生长良好。与柑橘品种嫁接亲和力强，根系发达，树势强健，寿命长，冬季落叶少，果实品质好，产量高，而且抗旱、耐湿、抗脚腐病，尤其耐盐碱，是海涂柑橘的良好砧木。但幼苗初期生长慢，成苗较迟，嫁接树进入结果期也较迟。酸橙砧目前虽然应用广泛，但由于大多数酸橙的品系容易感染速衰病，所以最近有被枳及其杂种取代的趋势。

(5)枳橙　枳橙是枳与橙类的杂交种，在我国湖北、湖南、浙江、江苏、安徽、四川等省均有自然分布。根系发达，生长旺盛，耐寒、耐瘠、抗逆性强，有的类型（品系）抗速衰病能力亦强。与甜橙、温州蜜柑、本地早、椪柑、柚、葡萄柚嫁接成活率高，嫁接树强健，结果早，丰产性能好，而且抗脚腐病；但不耐盐碱。美国曾用枳和橙人工杂交，培育了一些枳橙砧木，已在生产中广泛应用的有特洛亚、卡里佐、佑马、鲁斯克等。据生产单位反映，用枳橙作脐橙的砧木，既能保持枳砧脐橙结果早、品质好的很多优点，又能克服由于枳砧过于矮化了脐橙，而导致脐橙生长缓慢，后期容易衰弱以及落花落果严重的缺点。

(6)酸橘　原产于广东及台湾地区，是甜橙、蕉柑、椪柑等的良好砧木。酸橘主根深，根系发达，耐旱耐湿，对土壤适应性强。嫁接树强健高大，丰产，稳产，长寿，果实品质好。开始结果期比红檬檬砧稍迟。美国、日本认为我国华南的蕉柑、椪柑果实品质优良，与酸橘作砧木有关。巴西等国的研究证明，酸橘是抗速衰病的强性砧木，抗盐碱性强，对钙质土壤也相当适应。与温州蜜柑、柠檬的亲和力差，寿命短。广东、广西、福建的酸橘砧温州蜜橘易患青枯病，而且对流胶病和天牛的抗性也较差。

(7)红檬檬　原产于华南地区，广东、广西、云南、贵州、台湾等地均有分布，可能是柠檬与红橘的自然杂交种。红檬檬是华南各省常用的柑橘砧木。播种后，出苗快而整齐，苗期生长旺盛，皮层较厚，容易嫁接。与蕉柑、椪柑、甜橙的嫁接亲和力强，嫁接树生长快、结果早、果实大、丰产性能好，而且耐湿、耐盐碱和抗速衰病，对多种危害根、树干的病害也有很强的抗性，在湿润砂质土壤地区栽培易丰产。一般认为红檬檬砧的主要缺点是，易患脚腐病、疮痂病，不耐旱、不耐瘠、不抗寒，容易衰老，寿命较短，而且根系分布浅易受风害，不适于栽培条件差的丘陵山地。

(8)柚　主要作柚的砧木。嫁接成活率高，根深，大根多，须根少，树势强健，树体高大。宜深厚、肥沃、排水良好的土壤。抗根腐病、流胶病及吉丁虫，但不耐寒。作橙、柑的砧木，表现后期不亲和，叶片黄化，生长不良，果实粗大，果肉粗糙，不化渣，果味酸，品质差。

此外，宜昌橙、酒饼勒、四季橘、土橘、甜橙、本地早以及枳柚、枳柠檬、枳酸橙、枳金橘等，都可作为柑橘砧木供试用。

2. 砧木苗的繁殖 繁殖柑橘砧木苗可采用扦插繁殖和播种繁殖。用扦插苗作砧木的嫁接苗根系发达，枝叶繁茂，结果早。但扦插繁殖不如播种繁殖简便和易于掌握，因此在生产上，繁殖砧木苗仍以播种繁殖为主。播种繁殖的方法，又可根据播种时期和种子的发育程度，分为秋季嫩籽播种和冬、春老熟种子播种。

(1)秋季嫩籽播种 柑橘生产上通常采用的冬春播种，因低温，种子萌发前留土时间较长，加之贮期霉坏、鼠害和早春病虫害等影响，一般出苗率较低。为了争取时间，快速育苗，避免种子贮藏过程中造成损失和减少贮藏种子用工，可在秋季播种嫩籽。嫩籽播种的时间因地区及柑橘砧木种类不同而异，一般可于 7 月中旬至 10 月上旬进行。枳嫩籽播种适期，在四川、湖南、河南、湖北等地为 7 月下旬至 8 月上旬；柚、四季橘、红檬檬和酸橘在广东地区多于 9 月中旬播种；在重庆市，香橙嫩籽以 9 月初发芽率高，红橘嫩籽则在 10 月上旬才具有发芽能力。嫩籽播种方法简便，现以枳为例，将其大致做法介绍如下。

采果前，每 667 平方米施入腐熟的人畜粪 500～1 000 千克做基肥，深耕耙碎平整后开沟做畦，畦宽 100～120 厘米、高 15～20 厘米，畦沟宽 30 厘米。采果后，用小刀将果横割一圈挤出种子，用清水将种子淘洗干净，然后在干燥通风处晾干，待种皮发白、互不黏着时即可播种。播种前如能先用赤霉素 1 000 毫克/升＋6-苄基腺嘌呤 1 000 毫克/升混合溶液浸种 24 小时，再用 0.1％高锰酸钾溶液浸种 30 分钟，可有效地提高嫩籽的出苗率。播种时，将种子撒播在播种畦上，盖土约 1 厘米，再喷洒适量的水，使土壤达到一定的湿度后，再覆盖稻草保湿。每 667 平方米播种量一般为 50～

60千克。播种后10～15天开始发芽，当出苗率达到30%～40%时，选择阴天或晴天傍晚分次揭除稻草。幼苗长出3片真叶以前，为防止发生苗期病害，应尽量少浇水。幼苗3～4片真叶后，可适时追施稀薄的腐熟人尿或其他液体肥料，并注意保持土壤疏松、湿润和无杂草状态。嫩籽秋播苗，在广东、广西等冬季气温较高的地区，可于当年移植。湖南、湖北等柑橘栽培的北缘地区，对嫩籽秋播苗必须进行越冬保护，否则幼苗因低温红化，影响翌年的发根和抽梢。待翌年春季气温回升，幼苗萌芽前再移植于苗圃中。移栽株行距一般为15～20厘米，每667平方米栽植1万～1.2万株。移栽后加强田间管理，当砧木苗茎粗达0.5厘米时即可进行嫁接。

(2)冬春播种　果实充分成熟后采摘，将采集的果实，用特制的剖果板将其纵割6～8裂，或用小刀横割一圈，挤出种子。再用清水搓洗，除去果肉及胶质，放于通风处阴干，或于弱太阳光下晒至种皮发白，种子相互不黏结时便可播种或贮藏。红檬檬、柚、酸橘、酸橙、红橘等，其果实成熟较迟，一般多于11月下旬至12月上旬采种，这类果树的种子阴干消毒后，便可随即播种。枳、枳橙、香橙等，其果实成熟较早，一般多于9～10月份采种，采种后需要经过一段时间贮藏后再播种。通常贮藏种子的方法是，以3倍种子重、含水量为5%的清洁河砂，与种子混合后，装入容器中，在2℃～7℃低温条件下贮藏。这种方法虽比较简便适用，但由于湿度及温度条件不易掌握，容易因种子过多失水或霉坏降低发芽率。湖南省零陵地区柑橘示范场，在澳大利亚育苗专家P.B.史密斯的指导下，对种子先行杀菌处理，再放入塑料袋中密封，在2℃～4℃冰箱中贮藏3个月后，发芽率仍高达98.5%。其具体做法是，将冲洗干净的种子放在晒垫上沥干水分后，置于50℃的恒温水中浸泡10分钟，取出后，立即在冷水中冲洗10分钟，使其迅速降温。经温水浸种灭菌处理后的种子，摊放在竹晒垫上约4小时，待种皮发白无水渍时，用1%的杀菌剂（福美双、托布津）拌种，使每粒种子都粘上药剂，放入塑料袋中密封，贮藏在2℃～4℃冰箱中。经这种方法贮藏的种子，新鲜饱满，没有过分干燥和霉坏现象，不但发芽率高，而且出苗整齐，生长健壮。

冬春播种的时期，多根据当地的气候条件而定。华南无霜冻地区，以12月份播种为宜；长江流域以及闽北、粤北、桂北等地，一般均在2～3月份播种。早春播种时，采用播前催芽、播后塑料薄膜覆盖等措施，可促进种子提早发芽，延长砧苗的生长期，有利于提早嫁接和提高嫁接率。催芽可用温水冲淋，即先用40℃的温水浸种1小时，再用冷水浸泡6～12小时，种子取出后，放于铺有稻草的竹篓中，每天用35℃～40℃的温水均匀冲淋3～4次，每隔1～2天翻动或用温水洗种1次，5～9天后种子微露白根时即可播种。此外，用人尿或用5%硫酸铵加3%过磷酸钙水溶液浸种24小时，可减少白化苗。

冬春播种，可采用宽窄行条播或畦床撒播。宽窄行条播。播后幼苗不进行移植，砧苗就地生长，然后嫁接培育成果苗。这种方法比较省工，但培育的苗木主根长，侧根少，定植时成活率低，而且由于砧苗稀疏不均匀，生长不整齐，而使嫁接操作困难、嫁接率低、成苗量少。采用这种方法时，播种前对苗圃做好深耕、施肥、整地、做畦和开沟工作。畦宽约120厘米，宽行50～60厘米，窄行20厘米，每畦播4行。播种时开浅沟，将种子均匀地播于沟中，适当调整疏密后，盖上细土或火烧土，盖土厚度以不见种子为度(约1厘米)，最后再在畦面上盖稻草保温保湿。每667平方米播种用量，依种子大小和质量而异，枳、枳橙、酸橙、酸柚等，每千克种子粒数一般为4 000～6 000粒，每667平方米可播种10～12千克；香橙、酸橘、本地早等，每千克种子粒数多达7 000～8 000粒，每667平方米可播种8～10千克；红檬檬和红橘的种子较小，每千克种子为10 000粒左右，每667平方米播种量为6～8千克。如种子质量差，播种时还应适当增加播种量。宽窄行条播每667平方米可培育砧苗1万～1.2万株。幼苗出土后要加强田间管理，主要工作有：幼苗出土时，适时、分次揭草；幼苗具2～4片真叶时，进行间苗、移植，使株距保持5～10厘米；苗高30厘米左右时，进行摘心，促使茎干加粗生长，并抹除茎干近地面10厘米以下的萌芽；5～8月份为砧苗生长旺盛期，要根据具体情况，注意防旱和勤施薄肥。在砧苗生长过程中，还要及时中耕除草和加强病虫害的防治。

畦床撒播，播后对幼苗进行移植，砧苗在移植圃中经过一定时间的培育后，再嫁接培育成果苗。这种方法，虽然比较费工，但砧苗经过分级移植后，稀疏均匀、生长整齐、侧根多而健壮，这不仅方便嫁接操作，也能明显地提高嫁接率、成苗率和定植成活率。畦床撒播时，选择排水良好的砂壤土或壤土，开沟后做成宽度为80～100厘米的窄畦，将畦面耙平，施入充分腐熟的清粪水，等粪水渗干后，即可将种子均匀地播下，再盖上厚度约1厘米的细土或火烧土，最后在畦面上覆盖稻草保温保湿，冬春低温季节，还可利用塑料薄膜覆盖苗床，使苗床保持较高和较稳定的温、湿度，促进种子提早萌发和加快幼苗生长。每667平方米用种量，枳、枳橙、酸橙、酸柚为40～45千克，香橙、酸橘、本地早等为35～40千克，红檬檬、红橘为30～35千克。幼苗出土时，适时揭除稻草或薄膜，齐苗后加强肥水管理。待砧苗长到一定高度时，便可进行移植。砧木苗的移植时间，可以在当年夏秋季或翌年春季进行。目前生产上应用较多是当年5～6月份移苗。此时移苗，在良好的管理下，可于秋季(8～9月份)进行嫁接。小苗移植应选择阴天或晴天下午3时以后进行。移苗前充分浇水，使土壤湿透，然后用手抓住苗木近根部轻轻拔起。移植大苗时，应用锹或铲逐畦将苗挖起。砧苗拔起或挖起后，剔除白化苗、弱苗、病虫危害苗和其他废苗，剪除部分主根后，便可按苗木大小、以宽窄行(同条播)方式在移植圃中栽植。移栽时，用10毫克/升2,4-D泥浆蘸根，可促进新根生长，提高移栽成活率。用宽窄行方式栽苗，每667平方米通常栽植

1万～1.2万株。砧苗栽植后充分浇水，使苗根与土壤密接，及时补植死株，扶正歪倒苗木。待苗木恢复生机时，即可浅中耕，并施稀薄水肥。以后的田间管理均可按宽窄行条播的要求操作。近几年来，浙江省有些生产单位，在移苗时常采用窄畦密行栽植。其做法是：畦宽60～80厘米，畦高15～20厘米，畦沟宽25～30厘米。栽植行在畦面上横行排列（即与畦沟垂直），行距20厘米，株距10厘米，每667平方米栽植苗木约3万株。苗木移栽后进行精细管理，要求经常除草和防治病虫害，及时防旱，勤施薄肥，一般每月施肥2～3次，在5～8月份苗木生长旺盛期，还可多次用0.3%的尿素或磷酸二氢钾进行根外追肥。用这种方法培育的砧木，生长整齐、健壮，当年8～9月份即可进行嫁接。

3. 嫁接苗的繁殖 应用于柑橘的嫁接方法有很多种，各地的操作方法和习惯叫法也有不同。为了便于生产应用，可根据对接穗所取用的部分（芽或枝）不同，把柑橘的嫁接方法大致分为芽接和枝接2类。

（1）芽接类 就其适用性和应用的广泛性而论，对嫁接苗繁殖最为重要的是嵌芽接和小芽切接2种。

①嵌芽接：也称长方形芽接，是柑橘繁殖应用最为广泛的一种嫁接方法。与之基本相同的芽接方法还有芽片腹接、小芽腹接、长片芽苞腹接等。这种方法操作简便，芽片稍带木质部，可以嫁接的时间长，嫁接成活率高。削取芽片时顺拿接穗（先端朝前），先在芽眼上方0.8～1厘米处向下斜削一刀，长约1.5厘米，然后在芽眼下方0.5～0.8厘米处，斜切呈45°角到第一刀口底部，取下芽片。砧木切口比芽片稍长，将切开的砧木皮层切掉2/3。将芽片嵌入切口时，芽片下端削口抵紧砧木切口底部，芽片的形成层要与砧木的形成层对准贴紧。最后用塑料薄膜带绑紧（图8-7）。嵌芽接在砧木和接穗较粗壮时应用效果最好。在砧木干径较细时（0.3～0.5厘米），可采用长片芽苞腹接（图8-8）或小芽腹接等。

在雨季嫁接时，为了防止接后遇雨，雨水从苗干流下浸入接口，影响接芽成活，还可采用吊芽腹接。

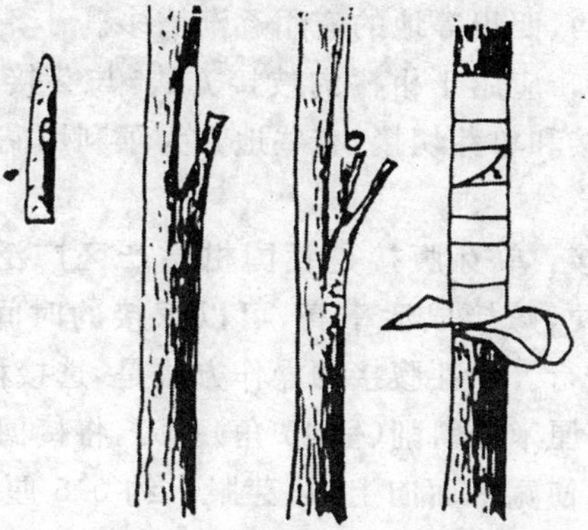

8-7　嵌芽接　（赵世经《柑橘育苗》，1986）

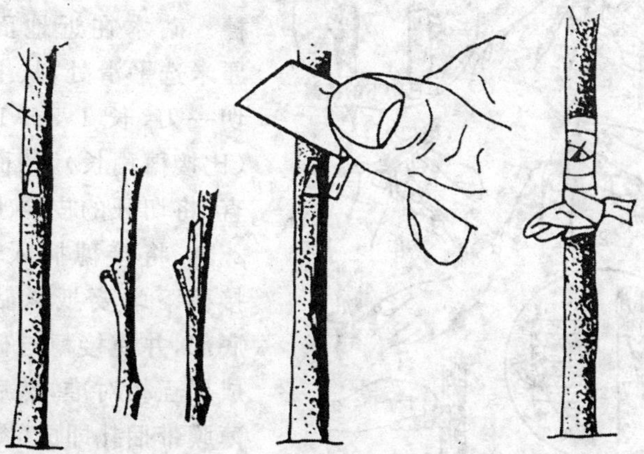

图 8-8　长片芽苞腹接　（赵世经《柑橘育苗》，1986）

②小芽切接：小芽切接的特点是芽片削法与嵌芽接（图 8-7）相同，砧木切口如单芽切接（图 8-10）。将已削好的长约 1.5 厘米的芽片嵌入砧木切口后，用塑料薄膜带露芽捆扎。嫁接时期以春

季为主，若5～6月份气温不太高时也可采用。由于这种方法操作简便，工作效率、成活率均较高，砧木较小也可嫁接，因此近几年来，在广东、广西、四川等地的应用逐渐增多。

(2)枝接类　应用于柑橘的枝接方法，与芽接相比种类不多，主要有单芽腹接和单芽切接，有些地方为了利用砧木残根，有时也采用根接。

①单芽腹接：单芽腹接是我国柑橘产区广泛采用的嫁接方法。其操作简便，嫁接成活率高，可以嫁接的时间长，一般在春、夏、秋季均可进行。单芽腹接的操作方法是，选接穗基部第一个饱满芽，从芽下1厘米处斜削(呈45°角)一刀，将接穗下部一段削去，再将接穗翻转，使宽平面向上，从芽眼上约0.5厘米处，深达木质部向前平削一刀，最后在芽眼上方下刀处斜削切断接穗。砧木在近地面5～10厘米选平滑处，从上向下纵切一刀，长1.5～1.7厘米(比接穗稍长)，切面要求平直，将切开的皮层上部切去2/3。将接穗插入切口时，接穗下端要抵紧砧木切口底部，并使接穗与砧木的形成层互相对准，然后用塑料薄膜带捆扎即成(图8-9)。

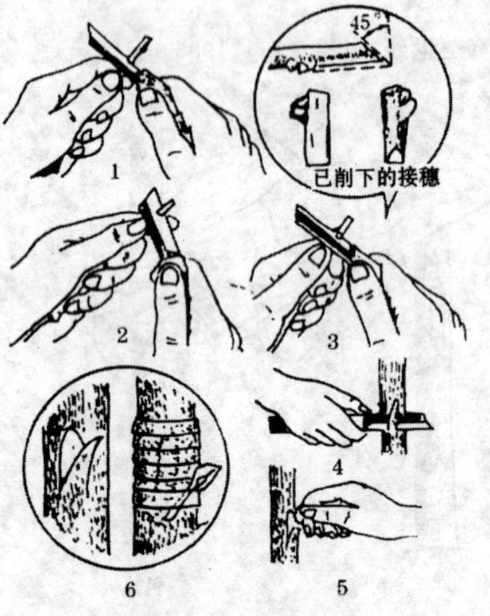

图8-9　单芽腹接

(四川省果树研究所《四川柑橘》，1979)

1. 削断接穗下部　2. 削接穗平面　3. 削下接穗　4. 砧木切口　5. 嵌芽　6. 捆薄膜

②单芽切接：单芽切接以广东应用最多，在四川、湖南、湖北、浙江等省推广以来，普遍反映效果良好。其主要优点是，接芽萌

发快、接口愈合好，苗木生长整齐、健壮；由于剪除砧梢，嫁接时操作方便，因而工作效率和成活率均较高。但单芽切接嫁接适期较短，主要在春梢萌发前或萌发之初进行。华南多在 12 月至翌年 2 月初；华中多在 2 月中旬至 3 月上旬；浙江黄岩在 3 月上旬至 4 月上旬。单芽切接削接穗的方法与单芽腹接相同。砧木切口，一般在距地面 5～10 厘米处，斜削砧干呈 45°角，或剪断后将剪口削平，在斜面下方，于木质部的边缘向下直切，切口的长度和宽度与接穗的长削面相对应。将接穗插入切口，并使形成层对齐，将砧木切口的皮层包于接穗外面。然后用塑料薄膜带捆扎（图 8-10）。

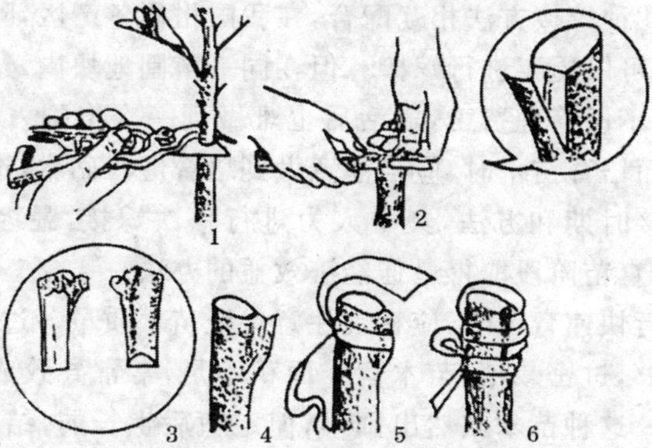

图 8-10　单芽切接　（四川省果树研究所《四川柑橘》，1979）

1. 剪砧　2. 砧木切口　3. 已削下的接穗　4. 嵌芽　5、6. 包扎薄膜

③根接：应用根接法繁殖柑橘苗木，在生产中并不常见，但在为了利用砧木残根，扩大砧木来源，增加育苗数量时，也可以采用。在苗木出圃或冬季深翻改土时，采集直径为 0.5～0.8 厘米、长度为 14～16 厘米的砧木根段。嫁接前用含水量 8%～9%的湿润河砂贮藏。2 月下旬至 3 月上旬，取出根段洗净泥沙，便可采用单芽腹接或嵌芽接的方法，在室内进行嫁接。嫁接以后用 100 毫克/升的萘乙酸溶液浸根 8 小时，即可按 8～15 厘米的株行距栽入露地

苗床。栽后浇透水，覆盖塑料薄膜保湿(可用小拱棚)。萌芽后及时除绑、除萌，并加强肥水管理。嫁接成活率一般可达80%，嫁接后当年可成苗出圃。

(3)嫁接苗的管理及应注意的问题　苗木嫁接后，要加强田间管理，其主要工作有：检查成活与补接，剪砧、解绑与抹芽，扶直、摘心与圃内整形，以及经常中耕除草，合理施肥浇水，及时防治病虫害等。具体操作及要求均应按常规育苗的技术规程进行。

在嫁接苗繁殖中，除了选择和培育健壮的砧木，采用适宜嫁接方法和适期嫁接并加强接后管理以外，还应该注意以下问题。

利用几种嫁接方法相互配合，在我国柑橘各产区，除最冷月份外，基本上可以周年进行嫁接。但在同一苗圃地块内，这样一年内多次嫁接，不但管理费工，成活后也难做到一次出圃。因此，作为经济栽培而培育苗木时，应当注意做到培育健壮砧木，选择当地最适宜的嫁接时期和方法，集中人力进行一次嫁接，最多再补接一次，这是在育苗阶段取得最佳经济效益的办法。

在推行快速育苗时，应特别注意保证苗木质量。过早嫁接，砧苗粗度不够，过密栽植，苗木营养面积不足，常常导致成苗达不到壮苗标准。这种苗木虽然出圃早，但定植后生长弱，结果晚，前期产量低。所以，快速育苗必须以培育壮苗为前提，单纯追求缩短育苗周期和增加单位面积产苗数量，而忽视苗木质量的做法并不可取。

柑橘嫁接繁殖，接口高度也很重要。我国长江上中游柑橘带要求接口高度一般为10～15厘米，有些地方为了减少除萌次数，或在利用小砧苗嫁接时，其接口高度常常不足5厘米。国外一些专家在柑橘嫁接时，多提倡大砧高位嫁接，即利用2～3年生，茎干较粗，生长健壮的砧木，在距地面20～25厘米处嫁接。这种方法培育的苗木，不但栽植成活率高、结果早、前期产量高，而且抗寒、抗病虫害的能力也较强。

(二)扦插及压条繁殖

1. 扦插繁殖　柑橘扦插繁殖,操作简便。扦插时期,如有电热温床设备,四季均可进行;露地扦插可于春季或夏末秋初进行,但多数试验表明7月下旬扦插最容易成活。春季扦插时,于2月上旬萌芽前剪取直径为0.6～0.8厘米的1年生枝梢,按5～7厘米长(具3～5个芽)剪截,上端平剪,下端在芽眼下靠节处斜剪,剪好的插条在室内进行砂藏,待3月上中旬、土温稳定在10℃以上、插条基部产生愈伤组织时,即可在露地苗床进行扦插。广东、湖北用这种方法扦插红檬檬和枳,其生根成活率可达90%～95%。7月下旬扦插时,采集直径为0.6～0.8厘米的春、秋梢,按5～7厘米剪截,顶端保留2片完全叶。剪好的插条用吲哚丁酸2 000毫克/升速蘸5～10秒后,便可插入苗床中。扦床的生根基质可用河砂、蛭石或珍珠岩。对橙类、柚类等较难生根的树种,扦插以后还应采取搭棚遮荫、喷雾保湿、叶面追肥等措施。搭棚遮荫,使透光度保持在30%～40%,让插条初期在荫蔽的散射光条件下生长,避免阳光直射而导致插条水分过量蒸发而影响成活。在生根适温条件下,喷雾保湿是保证生根成活的关键性措施,通过喷雾保持充分湿润环境,使叶面在生根前的相对湿度保持在93%以上,晴天多喷,阴天少喷,夜晚不喷,生根后酌情少喷。喷雾方式可采用人工控制开关喷雾或自动喷雾。插条生根后,每隔10天用含硫酸钙0.05%、磷酸二氢钾0.025%、硫酸镁0.025%、硼酸钠0.012%、尿素0.2%的营养液喷施1次。插条成活后,用塑料薄膜小拱棚保暖越冬,翌年5月上旬春梢发育充实后,即可移入砂壤苗圃中栽植。中国农业科学院柑橘研究所用上述方法,使锦橙、哈姆林甜橙和沙田柚的生根成活率分别达到95%、89%和94%。

对于难生根的树种,除采用上述方法进行扦插繁殖外,还可先用难生根的树种作接穗,嫁接在容易生根的砧木上,对接口进行适当的愈伤处理后，再采用通常的扦插方法，把接有品种的砧木扦插在苗床中。这种方法不仅操作简便，而且成苗率也高。湖北省宜昌市果品干菜公司，于2月中旬采集枳的1～2年生、径粗0.6～0.8厘米、长约7厘米的休眠枝，室内砂藏至3月下旬进行单芽腹接(温州蜜柑)，接后即将具有接穗芽的枳插条直立埋入盛有清洁河砂的愈合箱中，箱的下面用15瓦灯泡加热到25℃～28℃，4天后将已产生愈伤组织的插条，插入施有牛粪、猪粪作基肥的露地插床中。插条生根、接芽萌发后，于5月下旬对新梢留3～4片叶摘心，促进新根生长，并加强肥水管理和适时除去枳砧上的萌枝。用这种方法繁殖的成苗率可达92%。广东省杨村柑橘场，于2月初剪取径粗0.6～1厘米、长约7厘米的红檬檬枝条，在室内进行砂藏处理，待插条下端切口长出愈伤组织后，再在插条上端用单芽切接法，嫁接暗柳橙、雪柑、蕉柑等品种，接后立即放入塑料袋中保湿，当天傍晚将嫁接好的枝条，按2.5厘米×4厘米的株行距插入塑料薄膜小拱棚苗床中，扦插后适当浇水。扦插后20～40天，大部分接穗开始萌芽，随后长根，成活率平均达84.5%。插后4个月可移植，10个月可出圃定植，大大缩短了育苗周期。

2. 压条繁殖 柑橘枝条坚硬不易弯曲，加之树冠较为高大，因此柑橘压条繁殖多采用空中压条。这种方法，虽然具有成活率高，技术容易掌握等特点，但由于其繁殖系数低，对母株损伤较大等不足，因此除部分柑橘老产区常用此法繁殖柚、甜橙和红橘外，我国多数柑橘产区，特别是新产区，一般不采用这种方法繁殖柑橘苗木。

空中压条操作简便，在整个生长季节均可进行，而以春季和雨季进行最为适宜。华南各省多在2～4月份，华中各省多在3～6月份进行。高压时，在高产、优质、树势旺盛、病虫害少的壮年树上，选用比较直立的2～3年生枝条，在枝条下部进行环剥，宽2～4厘米，注意刮净皮层和形成层，或在准备使其生根的部位，横切干径1/2以上，再向上纵劈2～4厘米(略短于包扎材料)，然后用对开的竹筒或瓦罐夹住高压部位，并在竹筒或瓦罐中填充疏松保湿生根填充物。生根材料（填充物）以苔藓为最好，广东省常将稻草切碎压成泥团或用腐熟牛粪、锯末和园土混合后作生根材料，效果也很好。有的地区，在枝条环剥后，干燥3～4天，再用椰糠、谷壳或苔藓混以塘泥各半，作填充物，外用塑料薄膜包扎，效果亦很好。有试验表明，在环剥后用萘乙酸或吲哚丁酸2 500毫克/升溶液涂抹环剥上切口，能有效地促进生根。高压后2个月一般可生根，当年秋季或翌年春季即可剪离或锯离母体。柑橘高压苗根系脆嫩，再生能力较差，剪（锯）离母体后，将包扎材料取下，连同生根材料在疏松肥沃的假植圃中假植。假植时，需要适当遮荫，以及加强肥水管理，约经1年的假植培育，待根系发育良好时，便可出圃定植。如有条件，在高压苗脱离母体后，将其连同生根材料先栽入小竹篮或塑料网袋中，再将栽有高压苗的小竹篮或塑料网袋假植在苗圃中，这对以后提高定植成活率和运输都有好处。

采用空中压条法繁殖柑橘苗，除上述方法外，湖南溆浦县、四川营山县以及江西上犹县还创造了接根高压法，即在压条时，先在环剥处嫁接1～2根径粗0.4～0.8厘米、长5～6厘米的砧木（枳、红橘等）根段，用塑料薄膜带包扎后，再按一般方法进行高压操作。用这种方法繁殖苗木，成活率高，根系发达，苗木生长良好。

六、香　蕉

（一）分株繁殖

香蕉的芽称为吸芽。香蕉的分株繁殖，就是将蕉株球茎上腋芽萌发长成的吸芽，通过人工方法与母株分离取出后，作为种苗定植（图8-11）。蕉株上的吸芽周年都能发生，但发生季节和营养条件不同，吸芽的形态和性状也不一样。蕉区群众根据吸芽的来源和性状，习惯将其分为以下几种（图 8-12）。

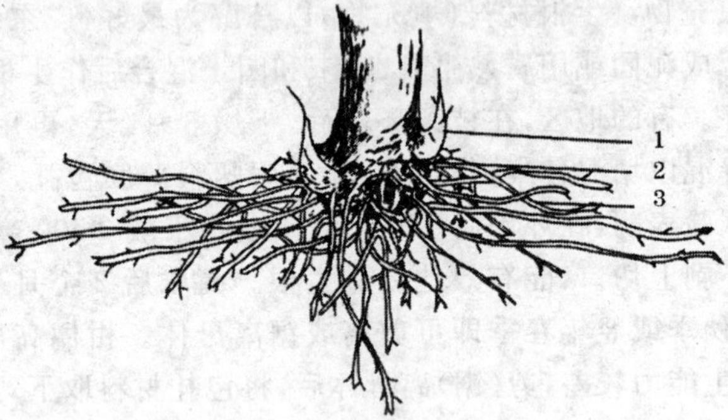

图 8-11　香蕉植株形态　（翁树章等《果树育苗技术》，1985）

1. 吸芽　2. 球茎　3. 根系

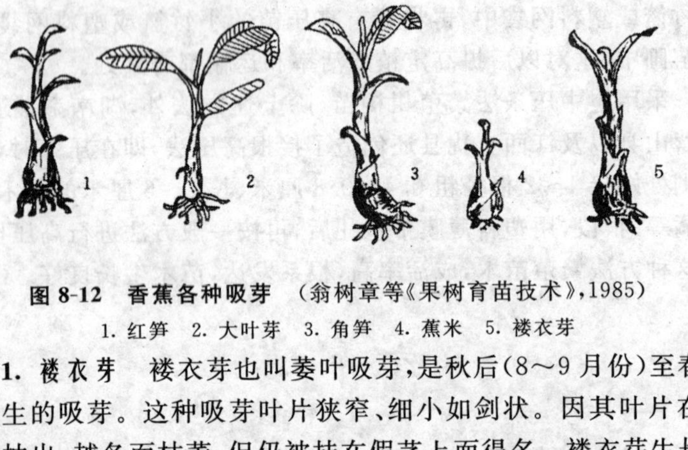

图 8-12　香蕉各种吸芽　（翁树章等《果树育苗技术》，1985）

1. 红笋　2. 大叶芽　3. 角笋　4. 蕉米　5. 褛衣芽

1. 褛衣芽　褛衣芽也叫萎叶吸芽，是秋后（8～9 月份）至春节前发生的吸芽。这种吸芽叶片狭窄、细小如剑状。因其叶片在上一年抽出，越冬而枯萎，但仍被挂在假茎上而得名。褛衣芽生长后期气温较低，地上部生长慢，地下部的养分积累较多，形成下大上小的形状，根系也多。在广东、广西等地，褛衣芽是 2～3 月份定植的好种苗。定植后先生根、后长叶，生长迅速，结果早，产量高。栽植后 6～7 个月便开花结果，对盐碱的抵抗力也较强。

2. 红笋　茎部粗壮，上部尖细，叶细小，全芽形似竹笋，色泽嫩红，故名红笋。这种芽于2月后气温回暖时发生，是3～5月份定植最常用的种苗。定植后先长叶，后生根，生长快，一般在定植后8～9个月，便可开花结果，如果肥料充足，产量也很高。但在5月份（立夏）以后定植，则成活率低。红笋芽的高度如果不足15厘米，又俗称为“蕉米”。蕉米定植后结果迟，一般不作种苗用。

3. 角笋　角笋又叫“隔山飞”，是采果后植株的地下茎当年生出的吸芽。这种芽的球茎不及褛衣芽和红笋芽的粗大；在6月份以后定植时，如连同母株的一部分球茎移栽，其成活率高，结果也较早。

4. 大叶芽　大叶芽也叫阔叶吸芽，是指在接近地面的芽眼所长出的吸芽；或者从已收获的隔年旧蕉头上以及生长弱的母株上发出的芽。芽身细弱，叶片阔而大，地下茎也较小。这种芽作种苗定植后，结果迟，产量低。因此，一般不作种苗采用，也不选留作继续结果的母株。

此外，还有称为“蕉童”的芽，即指长得较大，干高达60厘米以上，已抽生出大叶的红笋和角笋，也是很好的种苗，一般在6月份以后取用。因其苗大，贮存养分较多，故定植成活率高，结果早。这类芽一般已有吸芽发生，定植时应除去已抽生的吸芽，并适当剪去部分叶片。

吸芽分株的时间，可随定植时间和吸芽生长情况而定。在广东、广西等香蕉产区，均可周年分株定植。但在生产上，以春季（2～4月份）和秋季（8～9月份）两个时期最为适宜。种苗最好随起随栽，贮运期一般不要超过1个月，在贮运期间还要加强管理，避免种苗沤烂变质。春栽种苗多用褛衣芽、角笋、红笋等，秋栽多用角笋、蕉童等。

分株取苗时，为了避免严重损伤母株及吸芽的地下茎，宜先将吸芽外边的土壤挖掘成凹陷状的半圆形坑，然后用脚或手在靠近母株的一边，用力将吸芽向凹陷处蹬开或推开，使吸芽从母株球茎着生处分离出来。如果用锐利的长柄镰刀，将吸芽从母株上切割下来，再用草木灰涂抹切割伤口，则对母株和吸芽地下茎的保护作用会更好。吸芽和母株分离后，将吸芽头部带土拔起，即可定植。在病虫危害严重的地区，可先将种苗的假茎除去，然后定植，这样可避免病虫害的传播。

(二)球茎切块繁殖

为了在短期内能培育出大量的芽苗，可利用香蕉的球茎具有许多休眠芽的特性，进行球茎切块繁殖。具体做法是：把球茎挖出后，去掉泥土并逐个取下附生吸芽的小球茎，切除中心主芽，挖除褐黄色的腐烂部分，然后用利刀将球茎纵切成小块。大的球茎可以切成 8 块，小的切成 2 块，每块至少要有 120 克重，并具有一粗壮的芽眼，切口涂抹草木灰防腐。据福建龙溪地区农业科学研究所的试验，没有开花结果的植株的球茎，发芽率可达 60%～70%，培育出的芽苗，定植后结果早，产量高。切块时期最好在 11 月至翌年 1 月份，大部分可以发芽，5～6 月份苗高 40～50 厘米时即可栽植，与吸芽栽植的种苗可同期开花结果。

育苗时，选择避风霜，排灌条件好的砂壤土，整地起畦并防治地下害虫。然后按株行距 15 厘米，把球茎切块平放于畦上，芽眼朝上，再盖土、覆草。芽苗出土后，要加强肥水及其他管理。出圃前 1 周，应连续喷洒等量式波尔多液 2 次，以防叶斑病。如发现束顶病应及时拔除，以防传染。如在线虫为害严重的地方，对球茎要用热水处理，即将地下茎外部黑腐的表皮削净后，用 54℃～55℃ 的热水浸 20 分钟，杀死线虫后再进行育苗。

(三)顶端分生组织培养

当香蕉果实收割后，留下的球茎会发生很多侧芽；或者将处于营养生长的香蕉植株除去顶端，亦能刺激根茎侧芽的发生。在无菌条件下，切取横切面约 3 平方厘米、长 5～8 厘米带有生长点的茎段，用 70%酒精表面擦洗消毒，然后顺序地逐片剥去苞叶，切取生长点部分，移接于改良 KC 培养基中。培养基的基本成分为：$Ca(NO_3)_2 \cdot 4H_2O$ 1 克，$(NH_4)_2SO_4$ 0.5 克，$MgSO_4 \cdot 7H_2O$ 0.25 克，KH_2PO_4 0.25 克，$FeSO_4 \cdot 7H_2O$ 27.85 毫克，Na-EDTA37.25 毫克，$MnSO_4 \cdot 7H_2O$ 1 毫克，H_3BO_3 0.025 毫克，KI 0.25 毫克，$NiCl_2 \cdot 6H_2O$ 0.025 毫克，$CoCl_2 \cdot 6H_2O$ 0.025 毫克，$ZnSO_4 \cdot 7H_2O$ 0.05 毫克，$CuSO_4 \cdot 5H_2O$ 0.025 毫克，盐酸硫胺素 1 毫克，蔗糖 20 克。另外，补加水解酪蛋白（CH）200 毫克，用 0.5 克/升 KOH 将 pH 调至 5.8。培养室温度为 28℃～30℃。自然光照。

香蕉顶端生长点移接于改良 KC 培养基，在培养室培养 2～3 个月后，体积可增大 3～5 倍。这时更换 1 次新鲜培养基，2 周后逐步分化出幼叶，其中约有 40%的幼株开始发根，而对没有发根的幼株，再转移到补加萘乙酸（1 毫克/升）的 KC 培养基中，2 周后便长出良好的根系。叶片的发育仍继续进行，当小植株具有 2～4 片叶时，拔除试管棉塞炼苗 1～2 天，然后转移到装有砂、土混合物（1：1 容量）的盆钵中，浇透 white 大量元素溶液，盖上玻璃罩，保湿 3～5 天后，将玻璃罩取掉，按一般盆栽苗管理，待盆栽苗长至 6～7 片叶时，便可移栽于大田。

思考题

1. 苹果砧木的主要种类有哪些？列举乔化砧、矮化砧各 3 种，说明其主要特性。

2. 以山定子或湖北海棠为例，详细说明苹果砧木播种繁殖的方法和要求。

3. 阐明矮化中间砧苹果苗的繁殖方法和技术要求。

4. 梨常用的砧木有哪几种？梨苗繁殖技术有哪些特点？

5. 详述怎样进行葡萄硬枝扦插。

6. 怎样进行葡萄苗的快速繁殖?

7. 以山桃或毛桃为例,说明怎样进行桃砧木苗的培育。

8. 怎样进行桃苗芽接? 如何提高嫁接成活率?

9. 根据你所在地区的气候土壤条件选择 2 种柑橘砧木,并阐明其主要特点。

10. 如何进行枳壳嫩籽播种育苗?

11. 如何进行枳壳春季播种育苗?

12. 简述柑橘苗嫁接的主要方法和技术要求。

13. 柚子怎样进行空中压条繁殖?

14. 香蕉怎样进行分株繁殖?